Chinese
Selected
Penjing(Bonsai) Exhibition
中国盆景精品展
（中山古镇）
暨广东省盆景协会成立
25周年会员盆景精品展
（专辑二）
TO BE
CONTINUED
...
中国盆景赏石
CHINA PENJING
& SCHOLAR'S ROCKS
主编：中国盆景艺术家协会
Edited by China Penjing Artists Association

"奇峰叠影" 六角榕 *Ficus microcarpa* 高 130cm 萧庚武藏品 摄影：苏放

"Magical peaks overlapping shadow". Chinese Banyan. Height: 130cm. Collector: Xiao Gengwu. Photographer: Su Fang

点评 Comments

文：李奕祺 Author：Li Yiqi

"奇峰叠影"六角榕 *Ficus microcarpa*

"Magical peaks overlapping shadow". Chinese Banyan.

古渡口岸边一棵大树，根部泥土被大小不一的石头围绕着，石头墙外的泥土,早已被水流冲走,临水的一面露出嶙峋的石纹，那是水流长期浸蚀所留下的痕迹。自古以来，石头就护着树下这块泥土免受水流冲走。身临其境，融入其中，恍惚听到石头边的哗哗流水声。一幅声色俱全的动感场景油然而生。

作者用简单的土和石头巧思布局，用简洁又明快的手法，寥寥数笔就描绘出渡口大树,石头护土,流水哗哗的有时空概念、动静兼备、有声又有动感的三维立体景致。这一手法高超妙绝，活龙活现，事半功倍。这就是现代盆景的艺术语言可以精炼传达的信息！

这棵大树不见主干，似乎年代太久远，主干已腐塌，只留下主干外围枯藤状的露土根，互相纠结盘缠。树体庞大，矮墩墩的像一座假山坐落在地上，四平八稳，不动声色，巍然稳固。露土根粗细不均，盘根错节，遍体马眼状的孔洞，是残枝断落留下的疤痕，显得苍老古朴。

老树上八九条小枝干，扭拧弯拐，疙瘩马眼交错，凸显老气横秋，昭示小枝干经历了风雨沧桑，经受断了枝再长，长了枝又断的磨难。如果分开仔细观赏各枝条各部位，更是风景这边独好：有大树形，悬崖式，斜飘式，水影式，海底捞月式，迎客式，等等。独自成景，各显风采。

整体结构匀称，高低有序，左顾右盼，互为依托，搭配得当，各枝干由粗渐细，上下横枝各有粗细长短，比例适当，恰到好处。整体布局有虚有实，疏密相宜，真实地重现大自然的景观和树相。主体取材十分难得，枝干培植颇费周折，可见作者在各枝干下苦功，逐年截干蓄枝方成此景。

当人们观赏这盆景，神游古老渡口，仰望岸边大树的时候，顿生"枯藤老树昏鸦"的诗情画意，唏嘘感慨，引人入胜。

这盆景将忆古情怀与时代气息融合共鸣：想当年在这渡口乘船，依依不舍，离乡背井，外出谋生；如今衣锦还乡，落叶归根，又在这渡口上岸。光阴荏苒，回到魂牵梦萦的故乡，久违了的老树依旧葱茏，故土和从前一样亲切。孩子们在墙角嬉戏，记忆中的父老乡亲守望相助，一样热诚可爱……

Root soil of a tree on the shore of an old ferry is surrounded by stones with different sizes. Soil outside the stone wall has already been washed away in current and the side facing water reveals rugged stone grain which is the trace left by long-term water erosion. Stones have protected since the ancient the soil under the tree from carrying away. On the scene, one will hear the sound of running water beside stones in a trance. A piece of dynamic scene with favorable sound and colorful spectacle emerges spontaneously.

The author created it simply by soil and stones with ingenuity. With simple and straightforward technique, the author just made a space-time concept of a ferry tree, stone protecting soil and water swooshing. What dynamic and static three-dimensional scenery with agile sound. This could be called an exquisite, ingenious and vivid technique which achieves double result out of half work. This is the information that the art language of modern Penjing could accurately convey!

It seems that the tree is aging for its trunk has been rotting merely with twisted dead arm root outside the trunk left. Huge tree body is just like a rockery located on the land dumpily, steadily, silently and firmly. The holes of horse eye shape all over the uneven root twining together are scars left by broken branches which seem aged and classic.

Eight or nine small branches twisting together with overlapping knotted horse eye shaped scars highlight arrogance and indicate that small branches have experienced vicissitudes of life and suffer the tribulation of reincarnation. If separately appreciating each part of each branch, one will fell that landscape is beyond compare: there are various shapes, huge tree form, cliff, obliquely fluttering, water reflection, catching moon from the sea and guest greeting etc. Landscapes formed separately show their own style.

Shaped overall structure, orderly arrangement, is relying on each other between the left and the right, appropriate collocation, branches stretching from thick to thin of different and unique sizes, which are all features of the bonsai with proper proportion just to the point. Virtuality & reality combination and appropriate density of the overall arrangement genuinely reproduce natural landscape and tree scenery. Rare material and difficult branch breeding indicate that the scenery is created on the account of author's endeavor for each branch and years' careful cultivation.

When appreciating this Penjing, wandering the old ferry with mind and looking upon the big tree on the shore, people will suddenly imagine the idyllic scene "a sleepy crow standing on withered vines of an old tree" with unceasing plaint that the scenery is extremely enchanting.

This Penjing mixes anciently recall and times spirit and produce resonance: recalling the past, one was unwilling to leave his hometown for making a living by boat in this ferry; nowadays, he is returning home with fame and also going ashore in this ferry to revert to his origin. Time passes rapidly. Returning the haunted hometown, overcoming the long-awaited but still verdant old tree, he feels that the homeland is just as warm as it was before. Children are playing in the corner. Fellow countrymen in the memory offer mutual support and assistance with the invariable warmness and sincerity.

中国盆景赏石

2012-12
December2012

中国林业出版社 China Forestry Publishing House

关于调整本会办公室工作时间的通告

为解决上下班时北京全城严重堵车的问题，响应北京市政府为缓解上下班高峰期交通拥堵对各单位提出的相关建议和调整意见，本协会秘书处和《中国盆景赏石》编辑办公室的工作时间改为每周一至周五上午10: 00至下午18: 30。周六周日为休息日。
特此通告！

中国盆景艺术家协会 2012 年 12 月

图书在版编目 (CIP) 数据

中国盆景赏石 . 2012.12 / 中国盆景艺术家协会主编 . -- 北京 : 中国林业出版社 , 2012.12
ISBN 978-7-5038-6846-7
Ⅰ . ①中 … Ⅱ . ①中 … Ⅲ . ①盆景－观赏园艺－中国－丛刊②观赏型－石－中国－丛刊 Ⅳ . ① S688.1-55 ② TS933-55
中国版本图书馆 CIP 数据核字 (2012) 第 281007 号

责任编辑: 何增明 陈英君
出 版: 中国林业出版社
E-mail:cfphz@public.bta.net.cn
电话: (010) 83286967
社 址: 北京西城区德内大街刘海胡同 7 号
邮编: 100009
发 行: 新华书店北京发行所
印 刷: 北京利丰雅高长城印刷有限公司
开 本: 230mm×300mm
版 次: 2012 年 12 月第 1 版
印 次: 2012 年 12 月第 1 次
印 张: 8
字 数: 200 千字
定 价: 48.00 元

主办、出品、编辑： 中国盆景艺术家协会

E-mail: penjingchina@yahoo.com.cn
Sponsor/Produce/Edit: China Penjing Artists Association

创办人、总出版人、总编辑、视觉总监、摄影：苏放
Founder, Publisher, Editor-in-Chief, Visual Director, Photographer: Su Fang
电子邮件： E-mail : sufangcpaa@foxmail.com

编辑报道热线：010-58693878（每周一至五：上午10：00-下午6：30）
News Report Hotline : 010-58693878 (10 : 00a.m to 6 : 30p.m, Monday to Friday)
传真Fax : 010-58693878
投稿邮箱Contribution E-mail : CPSR@foxmail.com
会员订阅及协会事务咨询热线：010-58690358（每周一至五：上午10：00-下午6：30）
Subscribe and Consulting Hotline : 010-58690358 (10 : 00a.m to 6 : 30p.m, Monday to Friday)
通信地址：北京市朝阳区建外SOHO16号楼1615室 邮编：100022
Address : JianWai SOHO Building 16 Room 1615, Beijing ChaoYang District, 100022 China

法律顾问：赵煜
Legal Counsel : Zhao Yu

制版印刷：北京利丰雅高长城印刷有限公司
读者凡发现本书有掉页、残页、装订有误等印刷质量问题，请直接邮寄到以下地址，印刷厂将负责退换：北京市通州区中关村科技园通州光机电一体化产业基地政府路2号 邮编101111，联系人王莉，电话：010-59011332。

“天人工物” 雀舌黄杨 *Buxus bodinieri* 高 240cm 冠幅 280cm 韩学年藏品 苏放摄影

3eautiful work by man and nature". Height: 240cm, Breadth: 280cm. Collector: Han Xuenian. Photographer: Su Fang

中国盆景赏石 2012-12
CHINA PENJING & SCHOLAR'S ROCKS
December 2012

封面摄影：苏放

Cover Creative Design: Su Fang

封面："奇峰叠影" 六角榕 *Ficus microcarpa* 萧庚武藏品 苏放摄影

Cover: "Magical peaks overlapping shadow". Chinese Banyan. Collector: Xiao Gengwu. Photographer: Su Fang

封四："龟背" 龟背石 长 25cm 宽 27cm 高 8cm 魏积泉藏品

Back Cover: "Tortoise Shell" . Septarium. Length:25cm, Width:27cm, Height:8cm. Collector:Wei Jiquan

点评 Comments

卷首语 Preamble

海外现场 Spot Intrenational

中国现场 On-the-Spot

中国盆景赏石 2012-12
CHINA PENJING & SCHOLAR'S ROCKS
December 2012

盆景中国 Penjing China

获奖作品专栏 The Column of Winning Works

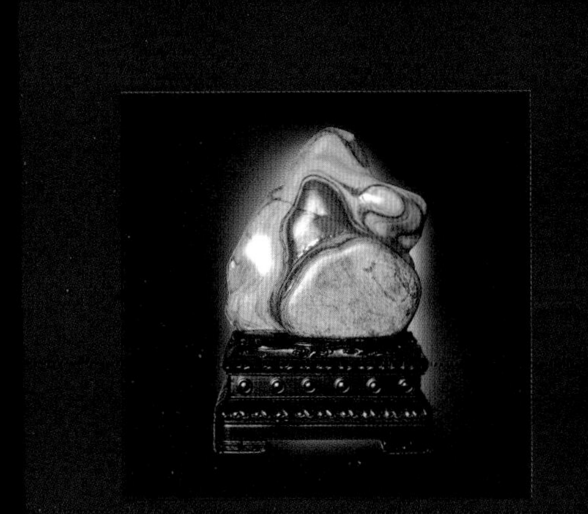

盆景照耀中国

——写在《中国盆景赏石》一周岁之际

文：苏放 Author: Su Fang

一岁了!

看着窗外的飘飘如云的雪花我写下了这行字：我们一岁了!

美国摇滚乐明星 Bon jovi 邦乔维的一句歌词里这样说：It's my life ! It's now or never, I ain't gonna live forever, I just want to live while I'm alive, My heart is like an open highway......

意思是：这是我的人生，该把握的是现在，我并不奢望长生不老，我只想趁活着的时候认真地生活，我的心像是在开放的高速公路上!

曾有人问我为什么要做现在的这些事，目的是什么，我觉得 Bon Jovi 的这段歌词非常完整地诠释了我的内心世界和生活状态。

是的，盆景就是生活。这就是我现在的人生的写照。

我一直相信：我们的生命在来到这个世界上的时候一定是有一个原因或者一个使命的，这些东西引导着我们的热情、好奇、创意并聚集我们生命的能量。

雅典人苏格拉底曾有句这样的名言："活着就是为了改变世界，除此难道还有其他原因吗？"

2012 年的 12 个月里，《中国盆景赏石》像一个高速公路上飞速前进的巨型坦克，在碾碎和推开了所有妨碍它前进的困难和障碍后，在短短的一年里，完成了自己一年里每月一本的第一个硬性出版目标。

北京的夜，更深人静，指针再次指向凌晨 4 点，看下日历，一年就要结束了，看着案头堆起来的"高高的"的十几本《中国盆景赏石》，我的心里感觉像做梦一样。12 个月，好快啊!

一年里，出了 12 本书，协会办公室里一直就这两三个人，就这几杆枪，每个月我们在全世界各地都有像盼星星月亮一样在等待它来到的人们，这是真的么？像梦，像云。

是的，这是真的。

1936 年美国记者埃德加斯诺采访延安后写了一本令世界瞩目的报告文学——《红星照耀中国》，谁也没有想到写书的 13 年后，一个新中国就诞生在延安的这批共产主义者手里。而更没有让世界想到的是：延安起家的新中国在 2012 年的年底到来之际，已经在几十年的时间里，虽历经坎坷，却以世界经济的火车头般的作用，让全球提出了一个问题，"美国之后的下一个世界的主角是谁"？

是的，红星不仅照耀了中国，也许，它还将照耀整个世界! 10 年之后，会不会有一个人写一本这样的新书《红星照耀世界》？

回首过去的一年里，中国的脚步走的太快，快得让世界目不暇接，在这样的一年里，现实与理想、困难与瓶颈、不满与牢骚、众说纷纭与必须集中的一个目标……这么大的国家，这么多完全不同的人群，这么多诉求不一的声音，如何在这么多如此不同的个人意志里选择唯一的方法来做一件众人都高兴的、推动社会前进的事，其实真的是对任何人、任何制度、任何政党都很难。

很多时候，我都告诉自己：世界上最重要的事情也许并不是对或错，更不是说一句轻松的漂亮话，而是这种选择是否确实推动了社会的进步。中国现代化的先驱邓小平先生曾有一句名言：不管黑猫白猫，抓住老鼠就是好猫。这句话到了美国变换成总统大选里最时髦的一句口号就是：

先生们，和过去的一年相比，我们是不是更好了？

是的，2012 要结束的时候，我们可以借用下这句话来衡量一下 2012。

对于我这样一个理想主义者来说，2012 里的感慨实在是太多太多，无法一言而尽。第一就是全球疯传的世界末日并没有到来，我们依然快乐地看着我们的盆景成长；第二就是：中国盆景艺术家协会（CPAA）和《中国盆景赏石》（CPSR）在全体会员的支持和参与中，在新的会长团队的大力推动下，已经面目全新地开始了协会历史的新长征，特别是中英文并举的《中国盆景赏石》的出现，在短短的 12 个月内已经开始引起了世界盆景界的瞩目。2011 年南通的中国盆景展和上期、本期特别报道的 2012 中国盆景精品展（中山古镇）暨广东省盆景协会成立 25 周年会员盆景精品展更是一年一次，在本会的全国性大型活动方面向会员交出了一份全新的空前的答卷。

而我个人的收获是：2012，我没有浪费我的人生。

“苹果之父”——本世纪最伟大的美国企业家乔布斯曾经这样说：佛教中有个词叫“初学者的心态”，拥有这样的心态你的人生将会是件了不起的事情。

是的，像一个新生儿那样看世界的话，这个世界的舞台其实到处是一片空白！而空白，有时是世界上最美的风景！

1986 年我刚 25 岁，在当时刚创刊的《中国花卉盆景》杂志里还是一个初出茅庐的毛头小子，我的 3 个长辈和朋友让我对中国盆景有了文化层面的认识，并且这 3 个人在中国盆景艺术家协会的创立阶段成为了协会前期创始团队中的一员。这 3 个人的名字是：潘仲连、赵庆泉、胡乐国。

记得一次我们四个人边散步边讨论时，胡乐国先生的一句感触深深触动了我的心，他说：“为什么画家都有中国美术家协会这样的组织，而我们搞盆景的人都在每个单位的绿化部门工作，只被社会视为花工呢？我们从事的难道不是艺术工作么？”大家一边说一边议论纷纷，长吁短叹盆景工作者的地位之不公。

说者无心，听者有意，我当时心里想：是啊，盆景既然是艺术，这个行业的工作者不被称为艺术家是一件多么不可思议的事啊。

当时回北京后，我想了很多，之后把一系列的想法向我的老板——当时的《中国花卉盆景》杂志主编苏本一先生作了一个汇报，提出了一个毛头小子不知天高地厚的提案——立刻与全国一流盆景家群体联手，以杂志做平台，向国家民政部申请，成立一个国家一级的协会——中国盆景艺术家协会。几个月后，在我的建议下，胡乐国先生在《中国花卉盆景》杂志上发表了《关于成立中国盆景艺术家协会的倡议》一文，与此同时，在苏本一先生的坐阵领导和亲力运筹下，在热心的 301 医院退休院长李特先生的大力努力和奔走下，谁也没有想到，这个纸面上的想法在 1988 年在北京变成了现实，它成立后的 20 多年里，更是在各位前辈的努力下，在全国盆景界专家和爱好者们的大力支持下，成为了中国盆景的“火车头”之一，成为迄今为止中国国家民政部注册的国家一级盆景艺术协会。

在 2012 年《中国盆景赏石》满一周岁的时候，我的心里深深地感谢那个充满冲劲和创意的 80 年代里推动过中国盆景事业发展的所有名字！

在《中国盆景赏石》满一周岁的时候，我还要说的是：我的心仍然像一个新生儿。

《中国盆景赏石》从诞生的那天起就立志要成为国内同行业内的创意者。

乔布斯曾经说：领袖和跟风者的区别就在于创新，我喜欢这句话。

《中国盆景赏石》从诞生的那天起就立志要成为国内同行业内的创意者。因此，2010 年做出版前企划的时候，我拒绝了很多前辈提出的让我进行市场调查、虚心学习同行的意见，大家都说，你能做一本什么什么样的书，你就成功了。

我的同事都知道，2010 年及之前的时间里，我没调查过同行业的一件事，更没去研究过国内任何一本同行的书刊，很多人可能觉得我不够谦虚，其实并不是，我的想法很简单：一个真正的创意绝不是模仿出来的。它首先应该是创造出来的，因为很多消费者的心里其实并不知道什么是他们最想要的，存在的不一定是最好的！创意产业的价值就在于超越市场的想象力，给市场一个没有想到的产品。苹果的成功一再证明了这一点。

即使是 1986 年我当编辑时的《中国花卉盆景》，它在当时的中国盆景界的业内影响力首屈一指，也没有学习和模仿任何人，完全是自己走出来的路。既然如此，我何必费这个功夫？！

不读国内同行书刊的另一个原因来自我做音乐时发现的一个真理，就是：你听别人的东西越少，你自己的东西就会越多。不关心国内的东西，其实是我不想让国内的仍停留于 80 年代的出版业理念和气息影响我的思维！

世界冠军教练意大利人里皮曾经这样说：“当一支强队形成自己的思维时，这才是一个真正的强队，这才是一条正确的道路。”

是的，今天的《中国盆景赏石》虽然依然面临很多问题和不足，特别是完成每件实事时总要遇到的那种“理想与现实的矛盾”，但做一本“有自己的态度和观点”的有创意的媒体，这是我所喜爱的一种人生。

为此，在 2012 年结束的时刻，感谢中国盆景艺术家协会第五届理事会的每一位会员和我的每一位同事和朋友，感谢盆景，是你们，让我的 2012 充满了如此多的惊喜和快慰！

当然，我们不能忘了，2012 年只是一个刚刚开始的起点。

古希腊哲学家苏格拉底用一句这样的话表达了他的公民观：我不只是雅典的公民，我也是世界的公民。借用苏格拉底先哲的这句话我想说：中国是盆景的发源国，中国盆景文化博大精深，内容是如此地丰富多彩，它不仅涵盖了东方人独特的哲学、美学和生活方式，也为每个人贡献了一种全新的思维方式，它不仅属于中国，也应该属于世界，每个中国盆景人都不应该忘记这一点。

我的 2013 的盆景梦想很简单：那就是，让盆景照耀中国。

大戏，还在后头。

九里香 *Murraya exotica* 鲁家富藏品 苏放摄影
Collector: Lu Jiafu. Photographer: Su Fang

“合作无间” 九里香 *Murraya exotica* 罗小冬藏品 苏放摄影

"Cooperation closely" Collector: Luo Xiaodong Photographer: Su Fang

“情怀故土”山松 *Pinus massoniana* 杨兴潮藏品 苏放摄影
"Deep feelings on homeland". Chinese Red Pine. Collector: Yang Xingchao. Photographer: Su Fang

"秋韵隐逸" 莿柊 *Scolopia chinensis* 高 110cm 刘光明藏品 苏放摄影
"Autumn's style can be seen indistinctly". Height: 110cm. Collector: Liu Guangming. Photographer: Su Fang

“公孙乐” 雀梅 *Sageretia theezan* 萧庚武藏品 苏放摄影
"Happy Grandfather and Grandson". Collector: Xiao Gengwu. Photographer: Su Fang

“小鸟天堂”对节白蜡 *Fraxinus hupehensis* 戴兰林藏品 苏放摄影
"The birds' heaven". Collector: Dai lanlin. Photographer: Su Fang

“傲看风霜” 杜鹃 *Rhododendron* 林学钊藏品 苏放摄影

"Face wind or cold with haughty temper". Indian Azalea. Collector: Lin Xuezhao. Photographer: Su Fang

VIEW CHINA
景色中国

“回头望月” 贵妃罗汉松 *Podocarpus macrophyllus* 李正银藏品 苏放摄影

"Turn head to see the moon", "Chaise" Yaccatree, Collector: Li Zhengyin, Photographer: Su Fang

“绿茵如画映风骨”赤楠 *Syzygium buxifolium* 高 110cm 陈有浩藏品 苏放摄影
"The picturesque green reflects the strength of character". Boxleaf syzygium. Height: 110cm.
Collector: Chen Youhao. Photographer: Su Fang

“虬龙引项” 朴树 *Celtis sinensis* 梁振华藏品 苏放摄影
"Dragon is raising its head" Chinese Hackberry Collector: Liang Zhenhua Photographer: Su Fang

“虎踞龙盘” 雀梅 *Sageretia theezans* 李正银藏品 苏放摄影
"Like a tiger crouching, a dragon curling". Collector: Li Zhengyin. Photographer: Su Fang

“群峰凌云翠影深” 六角榕 *Ficus microcarpa* 陈宗良藏品 苏放摄影
"As peaks which are touch the sky and have deep shadow". Chinese Banyan.
Collector: Chen Zongliang. Photographer: Su Fang

罗汉松 *Podocarpus macrophyllus* 张新华藏品 苏放摄影
Yaccatree. Collector: Zhang Xinhua. Photographer: Su Fang

“生存” 榕树 *Ficus microcarpa* 飘长 70cm 韩学年藏品 苏放摄影
"Survival". Chinese Banyan. Length: 70cm. Collector: Hang Xuenian. Photographer: Su Fang

“寿泽神州” 柏树 *Juniperus chinensis* 冠幅 580cm 陈奕洪藏品 苏放摄影
"The divine land is pregnant with longevity". Juniper. Breadth: 580cm.
Collector: Chen Yihong. Photographer: Su Fang

州
一覽眾山小
品有限公司

乾坤尽在一掌中
——韩国金锡柱的盆景创作表演

The Universe is **Under Control**
–Penjing Creation Show of Korean Kim Serok Ju

制作者简介
金锡柱先生，生于1961年，16岁开始学习制作盆景。他以勤奋和富有风格而著名，多次在盆栽展览上获得大奖，并进行示范表演。

About the Processor
Kim Serok Ju was born in 1961. He learned Penjing from 16 years old. He was known for diligence and richness of styles, which won many prizes and made many a time demonstrations in Penjing exhibition.

金锡柱先生是韩国著名的盆景艺术家，其作品的特点是大胆夸张地应用树枝、树干的线条来创作盆景作品，其对线条的把握几近随心所欲的程度，从其作品线条的表现中可窥探到中国传统文化元素。

9月29日，金锡柱应邀出席在广东中山举办的中国盆景精品展，并给广大盆景之友带来了一场创作表现的大戏，向中国盆景人一展其娴熟的盆景制作技法和高超的盆景创作水平。

Mr. Kim Serok Ju is a famous Korean Penjing artist. His works are featured with bold and exaggerative application of branches and lines. The extent of his lines is almost freewheeling. Chinese traditional cultural elements could also be discovered from line expression in his work.

In September 29th, Kim Serok Ju attended Chinese Penjing Exhibition held in Zhongshan city of Guangdong province on invitation, played a creative show for broad Penjing enthusiasts, and emerged his skillful Penjing making techniques and excellent Penjing creation level for Chinese Penjing people.

图 2 制作前正面照

金锡柱创作表演所选择的是一棵赤松素材，该素材原本弯曲，但其主干的曲线并不理想，而且枝梢漫长散乱，枝叶显得有些脱节（见图 2）。

作者首先对其枯枝、结疤进行修饰处理，剪除多余的枯枝，并将要留的枯枝雕琢修饰成舍利枝（见图 3 ~ 图 4）。

图 3

图 4

Kim Serok Ju chose a red pine as the material of creation show. The red pine was bent originally with an unfavorable stem, long and messy branches, desultory between branches and leaves(Figure 2).

The maker firstly pruned deadwoods and scabs, cutting off redundant deadwoods and carving remained deadwoods into Shari branches (Figure 3 ~ 4).

图5

图6

作者欲将主干作大幅度的弯曲调整，因此首先将树干用纱布缠绕绑扎，避免在高强度弯曲调整时树干受伤乃至折断，同时此方法也能使受伤的部位快速愈合（见图5）。

用金属丝牵拉的方法调矫第一个向下的弯曲，使主干从根到梢的距离逐渐缩短（见图6）。

第一次看到用紧索器来牵拉调矫树干的弯曲，这不失为一个简便省力的好方法，可供盆景同道们借鉴。随着紧索器的逐渐收紧，主干长度也渐渐缩短（见图7）。

The maker intended to make a substantial curving regulation. Thus, he firstly wound and strapped trunk with gauze to avoid injuring and even breaking off in the case of high-strength curve. This method also made injured parts rapidly heal up(Figure 5).

Regulate first downward bending with the method of pulling by a metal wire to gradually shorten the distance from the root to the tip(Figure 6).

The method of regulating bending trunk by a tightening machine has never been encountered. This is a convenient and labor-saving method, which could be the lesson for those who are engaged in the same pursuit. Trunk length would be shortened gradually with gradual contraction of the tightening machine (Figure 7).

图7

转折向上的主干的前段太直，作者欲将其做一弯曲，但粗而短的一段之间人力实难做到（见图 8）。

还是借用工具吧！用上了自己特制的工具，还使了好大的劲，这段主干终于被弯曲过来。这一瞬间被照相机记录了下来，图中作者的人体造型更美（见图 9）。

通过牵拉弯曲的主干用铝线加以固定，完成了对主干的弯曲处理（见图 10）。

图 8

The forepart of upward bending trunk is too straight. The maker intended to bend it, though it is difficult to make such a dumpy trunk just by manpower (Figure 8).

Just make use of a tool! With his specially-made tool and great force, this trunk has finally been bent. The camera recorded this instant. Human body modeling of the maker in the figure is more beautiful (Figure 9).

Fasten the trunk through pulling and bending with an aluminum wire, thus the bending processing of the trunk is completed (Figure 10).

图 9

图 10

图 11

图 12

接下来是对第一要枝的攀扎弯曲处理，看他如何将绵长散乱的主枝缩短做成紧凑的枝片。首先是绑扎金属丝，并将主枝自中段做向正面的回折处理，并以金属丝牵拉将其固定（见图 11）。

继而将主枝做向下的转折，如此以后，绵长的主枝被大幅度缩短（见图 12）。

再用金属丝牵拉做向下转折的固定（见图 13）。

图 13

The next is to make climbing and bending treatment of the main branch. How did he shorten the long and messy stem and make it to the tighten branches and leaves. Strap metal wires firstly and make frontal returning of the main stem from middle part with the stem fastened by pulling metal wires (Figure 11).

Turn the main stem downward, thus, long stem would be shortened substantially (Figure 12).

Make downward turning and fastening by pulling metal wires (Figure 13).

图 14

精心地对每一个小枝进行绑扎，将其做成如松树自然老枝般的枝片（见图14）。

接下来是对上部各分枝的处理，得分别将它们做成树枝和树冠。这一枝实在是长，向上高高地翘起，真有“欲与天公试比高”之势（见图 15）。

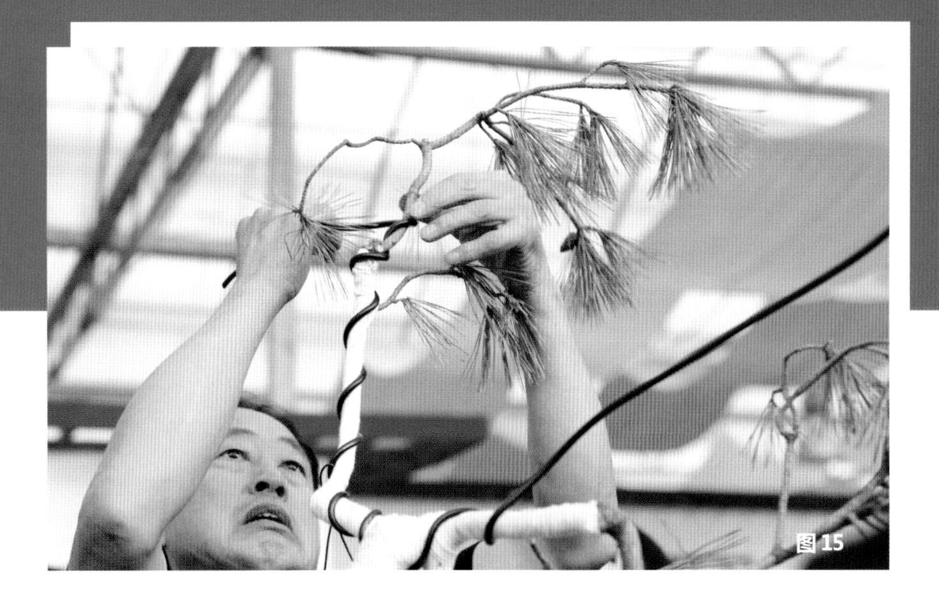
图 15

This one is definitely long, titled upward, emerging a state of “vying with heaven in stature” .

Strap each small branch elaborately and make them naturally like pine’s old branches and leaves (Figure 14).

The next is to process each branches in the top. Make them to branches and crown separately. This one is definitely long, titled upward, emerging a state of “vying with heaven in stature” (Figure 15).

图 16

再高也得将它拉下来,它的角色本该就是树枝。终于将它拉了下来,经过弯曲做成枝片,怕它再犟,还得用金属丝牵拉固定(见图 16)。

所有枝条都已搞定,接着是结顶收尾的工作。结顶重要啊!所以得更加谨慎。还是更上一层楼吧,干脆站到台面上去做(见图 17)。

It should be pulled down no matter how high it is for it should have been branch. After pulling down finally, make it to branches pieces through bending. Pull and fasten it by metal wires to avoid its deformation (Figure 16).

All branches are pruned, which follows apex and ending work. Take more caution for apex because it is important. Stand on the table to strive for further improvement (Figure 17).

图 17

图18

作品已基本完成，还得进一步对桩节疤痕进行修饰，尽量将作品做得更加完美。可见作者对其作品及观众认真负责的态度（见图 18）。

在短短的 2 个小时的时间里，原本一棵树干冗长，枝叶散乱的赤松素材，经金锡柱的妙手创作，瞬间即魔幻般地变成了一件浓缩而美丽的盆景作品。作品枝干蟠曲且不失老松风范；线条灵动若惊蛇入草，整体布势出其不意但合乎情理，结构严谨而线条变化无穷。实为佳作，由此可见金锡柱先生盆景创作功力深厚，而其在表演中所显现出对作品对观众的认真负责、一丝不苟的态度，更是值得我们同道中人学习（见图 19）。

图19

The work has almost been completed but further trim for stump scars. Make the work as perfect as possible. How responsible the maker is for his work and audiences(Figure 18).

Within 2 hours, a red pine with a long trunk and messy leaves instantly became a concentrated and beautiful Penjing work magically through elaborate creation of Kim Serok Ju. Branches convolute with its unique style; spiritual lines like writing cursive characters in a vigorous and nimble style; whole shape is reasonably made but with surprise; structure is rigorous with lines of countless changes. It is indeed a rare excellent work, which displays profound Penjing creation skill of Kim Serok Ju. His serious and meticulous attitude shown through the performance is worth learning for us (Figure 19).

中英文版
Chinese and English Version

图1 "随意"最后效果图
The final effect figure.

台湾真柏"随意"的改作实践

"At Will" Remaking Practices on Taiwan *Juniperus chinensis*

制作: 陈友贵
Maker: Chen Yougui
时间: 2010 年 7 月
Time: July, 2010
地点: 福建鸿江盆景植园
Location: Fujian Hongjiang Penjing Botanical Garden

作者简介

陈友贵，1985 年生，云南昭通人。中国盆景艺术家协会理事。2003 年夏初涉盆艺，师从台洲梁园任晓明。2003 年 12 月至 2008 年 3 月，在黄山鲍家花园工作。2008 年春，在晋江安海吴建新先生的鸿江盆景植物园工作，受教于泉州曾文安大师，三年多的时间使其在艺术上有了质的飞跃，其作品"岁月峥嵘"荣获 2010 年厦门盆景大奖赛一等金奖，2007 年作品"双龙会"获得首届徽风杯精品展览特等奖。

About the Author

Chen Yougui, born in 1985 in Zhaotong, Yunnan Province, is director of Chinese Penjing Artists Association. He began engaging in Penjing early 2003, and studied with Ren Xiaoming of Taizhou Garden. Between December 2003 and March 2008, he worked in Huangshan Bao' s Garden. In the Spring of 2008, he worked in the Hongjiang Penjing Botanical Garden of Wu Jianxin (in Anhai Town, Jinjiang) and studied with Zeng Wenan master in Quanzhou. After over three years he achieved a qualitative leap artistically. His work "Extraordinary Years" was awarded the first place at 2010 Xiamen Penjing Competition and his work "Twin Dragons" in 2007 was awarded special prize at the first Huifeng Cup Collections Exhibition.

“此素材为台湾真柏，已盆培多年生长良好，该树主干扭拧弯曲滚动向上，缓而有力。”

图 2 素材正面 树冠繁重，未表现此树的最佳亮点
Front of the Tree The crown is heavy, which can not display the highlights.

图 3 素材背面杂乱无章
Back of the Tree Disorderly and unsystematic

图 4 改作的难点，要将此硬化的飘枝逆转 90°
Remaking Difficulty in reversing the hard branch for 90 degrees.

此素材为台湾真柏，已盆培多年生长良好，该树主干扭拧弯曲滚动向上，缓而有力。但因厚重的树冠和简单少变的飘枝使树型变得平淡缺少特点，且水线及舍利阴阳不分明。

此树改作最大的难题就是要将飘枝大逆转，但因木质过于硬化再增至线条的变化给创作带来更大的挑战。当然这也是最吸引我的地方。下面将其实践过程呈现出来以期待各位的指正。

图5

This is a Taiwan *Juniperus chinensis* which has been cultivated many years and grows well. Its trunk scrolls up in twisting curving slowly and powerfully. Due to the heavy crown and the simple and non-variable branches, the tree becomes insipid lacking of features and unclear waterlines and Yin and Yang.

The biggest difficulty in the tree remaking is to reverse the branches. But, because the hard wood and changes of lines, it brings a bigger challenge to the creation. However, this also the point that attracts me most. The practices are presented below for opinions and suggestions.

图5 与图4 飘枝改作前后的对比
Comparison before and after the remaking of Photo 3 and Photo 4 branches.

图6 因舍利的阴阳不分导致该素材缺少滚动感和老态
Unclear Yin and Yang results in lacking of rolling feeling and aging state.

图7 素材雕刻后的效果图，经岁月的洗涤后显得颇具老态，同时也变得滚动有力
Effect figure after tree trimming. It shows quite old and has a powerful rolling.

图6

图7

This is a Taiwan *Juniperus chinensis* which has been cultivated many years and grows well.

图 8 也曾试想多种角度

Various angles have been tried for it.

图 9 顶端的枯梢挥洒自如，无拘无束

The withered treetop is waving freely and unrestrained.

图 10 灵动欲飞的枯枝加上绿叶和蓝天的衬托显得更贴近自然

The uprising dried braches against the green leaves and the blue sky becomes closer to the nature.

图 8

图 9

图 10

图 11 精彩的另外一个视觉点

Another amazing visual point.

图 12 第二次改作效果图
Effect figure after the second remaking.

The crown becomes brisk and powerful. The tree body also turns lively and vivid. After curved for several times, the branches reach expected state, but the branches and leaves have narrow space.

图 13 改作后背面
Tree back after remaking.

改观了原来树冠的繁重变得轻快、有力; 树身的舍利也变得生动活泼; 大飘枝经多次的弯曲也达到预想状态，但枝叶间还是显得很稀薄，当然这需要时间。

实用型璎珞柏景观树的造型

The Modeling of Practical Cupressus Landscape Tree

撰文、制作：陈志祥　Author/Adapter: Chen Zhixiang

图 1 成型正面图

从图 1（璎珞柏正面图）和图 2（璎珞柏反面图）可以看到，这棵树盘虬作势、老态嶙峋，但枝条都向左上方生长，给制作带来了一定的困难。

右边这一大枝（见图 3）是制作的难点和重点，要想一次成功不仅要胆大心细，还要有丰富的经验。

制作思路：要把原本向左上方延伸的枝条，将它向右下方拿弯，旋转 180°。

制作方法：

先用破杆钳开刀，然后用凿子抠除树干中的部分木质使其中空，再用橡胶作填充物将树干中间空心部分填满，最后用胶布包裹好，准备拿弯（见图 4）。如图 5，将花篮螺丝一头固定在树桩上，另一头吊在准备拿弯的枝干上，一边慢慢旋转枝干，一边慢慢收紧花篮螺丝，使枝干慢慢向右下方弯曲。待旋转 180° 枝条基本到位后，

图 2 正面图

图 3 背面图
图 4 处理前的右侧大枝
图 5 右边大枝拿弯前的处理
图 6 拿弯操作过程

用金属丝固定，如图 6 所示。大飘片中间段的枝条利用铁攮子再继续拿弯，使其曲折多变，更显苍老，如图 7 所示。

右边大枝制作完成后，用金属丝对整株树的枝条进行蟠扎缠绕，使之下垂，呈杨柳树枝条自然飘逸状（见图 8）。

整理完顶部枝条（见图 9）后，最后仔细调整各部位树枝，使之左右协调，高低错落，层次分明，疏密有致（见图 10）。

成形后从背面看，整体呈临水姿态，飘逸豪放、生机盎然（见图 11）。

成形后从正面（见图 12）看，此作品可以用唐代诗人杜牧的“无力摇风晓色新，细腰争妒看来频。绿荫未覆长堤水，金穗先迎上苑春。”来形容，能借诗情定意，取画意造景。

图 7 右边大枝旋转 180°后的效果

图 8 右边大枝中间段枝条的继续弯拿

图 9 枝条的蟠扎

图 10 顶部枝条的整理

图 11 枝条的调整

图 12 成型背面图

中山展及岭南盆景浅谈
Talking about the Exhibition on Zhongshan City and Ling Nan Penjing

文：李奕祺　Author：Li Yiqi

作者简介

李奕祺， 1941 年生，福建省龙岩市人。天生与植物结下不解之缘，童年时代已对种子发芽感到奇妙和兴趣，少年时代玩盆栽，1972 年拥有自家小花园，从此，莳养盆栽成为最大业余爱好，后期醉心盆景，喜好中国岭南派盆景制作。参与各种盆景活动，聊获奖项。现任中国盆景艺术家协会常务理事，香港盆景雅石学会秘书长。

中山展感想

本次中山展既有岭南盆景精品，又有其他地方的盆景精品，总数超过620盆。声势浩大，水平高超，精品之多，使人目不暇接，眼花缭乱。中山展，展现出当代中国盆景千姿百态的风采；散发出当代中国盆景叹为观止的艺术魅力；洋溢着当代中国盆景百花齐放，欣欣向荣的精神面貌；反映着当代中国盆景现有的艺术水平和辉煌成就。

在这次大型展览场中，有一片微型盆景展出，并独设奖项。为广东历来展览中少见，给我留下了深刻印象。岭南盆景，近年以大型、超大型发展较快，特点是盆大如缸，体量大，树桩老，树形怪。缸体之大，已经超越“盆”的范畴，居然如此庞大笨重，六条大汉都搬不动，称之为“缸景”更为贴切。缸景占地很大，适合摆放在别墅外边的花园，其价格昂贵，市场有需求，尤其受大老板青睐，经济效益很高，适合产业化，故缸景方兴未艾，有存在的价值。论艺术，微型盆景要做精做妙，体现功力，同样使人爱不释手，它小巧玲珑，摆在茶几、窗边或露台，观赏把玩，更容易进入寻常百姓家。要推广普及盆景，使得人人爱盆景，人人玩盆景，那么，微型盆景就是最佳载体。展览场中，围观微型盆景的人并不少于大型盆景。这向我昭示了一个信息：人们对微型盆景有广泛的兴趣，微型盆景有广阔的前途！

此外，中山展的大师表演，观众较疏落，在门口问表演场地在哪？不得要领。也许加强宣传，情况会好点。

浅谈岭南派盆景

一副大自然的美景展现在我面前——这就是我对岭南盆景的第一印象！

岭南盆景崇尚自然，师法自然，表现大自然树木的基本形态和特征，是大自然的缩影。岭南盆景受中国水墨山水画的影响极深，树木枝干长向一边，另一边枝短叶少。为什么呢？因为那一边有高山峻岭，悬崖峭壁，挡住了枝叶生长的空间，盆景虽无造出峻岭悬崖的实体，但树形却给了观赏者极大的遐想空间，水墨画中的奇峰异石，悬崖陡壁，是千奇百怪，形态万千，人们观赏盆景，旷阔的遐想，使人领悟到其中的诗情画意。然而岭南盆景又不拘泥于单一环境，盆面布植青苔，不规则起落的土丘、石头、小草，浮现出大自然原野的神旷和清丽。盆面的小摆设，把人带到很久以前的场景，盆景有各自的神韵，见景生情，会产生不同的意境。这是岭南盆景源于自然、高于自然、小中见大、高度概括、集中表现、引发遐想、展现神韵、营造意境的精妙之处。

我想，岭南盆景文化的最大价值是：

（一）继承和发扬中国人“天人合一”的传统文化。

（二）亲近大自然，同大自然和谐相处。

中国有五千年文化，中国人自古以来，素有崇尚自然，敬畏天地的思想，上至天子，下至庶民，无不例外，皇帝祭天，庄严隆重。庶民婚礼中，拜高堂之前，必须先拜天地。“天地”在中国人心目中的地位之重，可见一斑。中国文化，敬天字句，比比皆是。例如：天命、天威、天机、天条、天遣、天赐良缘、天作之合、天衣无缝、天意难违……对天底下的自然景物，山水雨雪，花草树木，则认为是最完美的，故有天造奇观，天然美景之说。中国人欣赏大自然，赞美大自然，亲近大自然，同大自然和谐相处，成为中国文化的重要内容。中国人喜欢游山玩水，游春踏青，历代许多文人雅士，诗人画家对大自然美景的描绘与赞颂，留下了许多动人的诗篇和精彩的画卷。

随着社会经济的发展，乡村都市化，建筑物逐渐密集，人们感觉远离了大自然。于是，人们将自然景物经艺术加工，缩小置于盆中，搬入室内，摆在茶几上，观赏把玩。人类迷恋大自然，莫过于此。

有人说：岭南盆景是中国盆景的代表。这个说法似乎以偏概全。不过，说岭南派盆景是中国盆景最大流派，倒是不争的事实。当今， 中国盆景有五大流派。这在全世界可谓绝无仅有！是中国盆景文化博大精深的表现。各流派经过历代的风云变幻，发展到今天实在难能可贵。自古以来，中国历代盆景流派发展的中心地带，都是当时经济繁荣，文化发达的大都会，在那些地方，官僚地主，富商巨贾云集，他们大兴土木，建造庭园别墅，广置盆景。

由于各地的植物种类，山水气候不同，自然风景各异，而且，各地植物的生长季节和栽培方法不同，盆景爱好者附庸当地诗人画家的风雅，使各地赋予盆景的文化内涵，习惯爱好，审美观念不同。这些群体互相交流学习，互相影响和认同。因此，各地盆景的培植，造型，就产生明显的地域色彩和特征，特殊的艺术风格，大家类似，并在地域中广泛流传，形成自己的盆景流派。流派的产生和发展，必有其客观性、适应性、合理性及必然性。各流派盆景都有其自身的艺术内涵及观赏价值，但有些流派的盆景，长期造型呆板。例如：杨派的一寸三弯云片式，苏派的六台三托一顶式，徽派的游龙式、疙瘩式，川派的三弯九倒拐式等，皆因长期规范化，模式化，令艺术生命僵化，如今已日薄西山，若不创新发展，势必逐步退出历史舞台，淹没在历史的长河中。然而，中国各地的山水地理，气候条件不同，树种有别，因此各地也不能完全照搬别的流派。

岭南派盆景是以广东省为中心的流派，地处亚热带，气候温和，雨量充沛，植物生长时段较长。在北方，某些树木在寒露霜降节令已红叶片片，减缓生长，准备冬眠；而南方的树木却仍在吐蕊芬芳，岭南树木得天独厚，蓬勃生长，加之南方沿海，经济繁荣，有许多富商、企业家热衷盆景，各地盆景协会春笋般地破土而出，举办大小盆景展览会此起彼落。涌现出一大批盆景艺术人才，盆景素质有长足进步和提高。盆景进一步普及，岭南派盆景呈现出一派繁荣昌盛的态势。尽管如此，岭南派盆景不具有排他性，也不具取代性，有极大的参考价值和示范功能。

走进西式公园，没有假山、小桥流水。石头，在一些人看来不过是一堆建筑材料，西洋画中，常见远处有山，近处多为平原，树木一致向上生长，成等边三角形左右对称，盆栽不过是盆中种植的植物，取态也雷同平原树，这同中国盆景有很大的差别。中国古代，有迹可循的盆景，始于初唐，兴于宋代，盛于明清，至今有1300多年的历史，文化积淀雄厚，20世纪80年代之后，中国盆景又迎来了盛况空前的春天。中国人赋予盆景太多的文化内涵，中国盆景文化走向世界，必定对世界盆景艺术产生冲击和影响，并促进其发展。同时，弘扬了中华文化，向世界盆景注入新的元素，中国盆景文化源于热爱大自然。这与当代世界环保意识同源，不谋而合，殊途同归。中国盆景文化走向世界，也使中国盆景人广交朋友，促进友谊，有机会学习世界各地的盆景技艺，兼容并蓄，增长见识，提高自己。反过来，也将促进中国盆景艺术的更大发展。创建全球盆景艺术共同进步的共赢局面。

中日盆景之我见

日本盆景，富士山式等边三角形，做工精致、年功老到、树干粗壮、枝叶茂盛、外观工整对称、形象凝重稳健、宁静沉着、端庄雄伟、富艺术内涵及观赏价值，并保留远古历史延续至今的审美观念。日本盆景被当今全球盆景界视为唯一圭臬，捧为盆景之最高境界和追求目标。但日本盆景也有其弱点，例如：主次不分、缺乏层次、机械呆板、无灵动性、无韵律感、缺少虚实、疏密、动静等变化，千篇一律，看得多就感到单调乏味，缺主题构思，陷入规范化、模式化的困境，若不创新发展，最终将因艺术生命长期僵化，势必枯萎。中国岭南派盆景的视觉语言，技术语言对上述弱点，有脱胎换骨的基因，中国盆景走向世界，将使世界盆景发生质的变化，并注入艺术的生命活力。中国岭南派盆景，以大自然树木为基础，以水墨画树型为蓝本，树形千变万化，神韵丰富多彩，拥有取之不尽，用之不竭的艺术灵感和创作题材。

当然，这变化是一个缓慢的过程，因为日本盆景早已先入为主，而人呢，又有惰性及惯性，要改变旧习惯，接受新观念，不会立竿见影。中国岭南派盆景如此高深意蕴，包含丰富文化内涵，不乏神秘感和深奥感，要有耐心和恒心，注入若干年心血，造型方有望成功，在中国岭南派盆景神秘面纱的背后，蕴藏着历年千锤百炼的功威。如果在两小时的示范表演中，就能造出中国岭南盆景，简直不可思议！外国盆景，通常先把树枝养得老长老长的，然后在两小时的表演中，把树枝七扭八拐，上撇下拗，又捆又绑，剪弃过长枝，搞定！整个盆景面目，焕然一新，啊！盆景就成功了，多快！鼓掌！中国岭南盆景若如法炮制，弄出来的就是牛头马面的岭南盆景！因此，若一看就懂，一做就成，如此浅显，绝对不是中国岭南盆景的道行！何况，初到的外来和尚不懂敲钟，不足为奇。必须假以时日，才可能融会贯通。相反，急功近利，急于求成，道力不足，必将功败垂成。

尽管中国岭南盆景如此刁钻繁复，我们还是看到了日本及国外的盆景，开始突破传统模式化的等边三角形，已经出现了线条美！在可以预见的将来，中国岭南盆景与世界盆景碰撞，必将继续迸发出耀眼的光芒。

中国盆景走向世界的创新之路

China Penjing Is on the Innovative Way to the World

访谈及图文整理：CP
Interviewer & Reorganizer: CP

徐昊

中国盆景艺术家协会副秘书长
2012 中国盆景精品展（中山古镇）评委

本次中国盆景年度大展以岭南派为主，间以部分省市的盆景作品，展出的盆景虽然没有涵盖全国各大流派的盆景，但水平还是很高的。期间广东盆景协会推出的展览精品很多，给中外盆景界的朋友们带来了一台岭南派盆景艺术的视觉盛宴。小榄"虫二居"张华江先生的个人盆景展的整体水平不错，其中不乏精品力作，而且收藏的盆景数量之多，可以看出张先生确实在这方面花费了不少精力，对盆景事业的推动起到了很大的作用。吴成发先生的"趣怡园"可以说是汇集了岭南盆景的精华，他本人也勤于创作，一些作品的形式和内涵都很有新意，而且为了将中国盆景文化传承下去，还不辞辛劳地将盆景制作技艺传授给年轻一代。不仅是盆景，在盆器方面，吴先生的收藏也相当可观，说明收藏者对盆景的热爱之情以及对盆景文化的重视。

岭南派的盆景对于外国人来说，确实展现了中国盆景独有的民族特色。岭南派盆景的技法是源自于自然的，南方的树木，由于冬季无雪，生长期较长，所以树枝的生长方向呈上扬的势态，岭南盆景的先辈们根据自然之理加以创新，以截干蓄枝的手法创造了独特而自然的岭南盆景技法，从而使岭南盆景独树一帜。

岭南派盆景作为中国盆景的一个流派，若能向海外推广，我个人认为可以产生两方面影响，一个是文化方面的，这是最重要的，它是盆景艺术的灵魂，通过推广和交流，能够让外国人对中国的盆景文化有一个认识。

西方文化与东方文化的区别在于一个是直观思维，一个是抽象思维，比如东方的兰花有着两三千年的文化历史，所以小小的一朵兰花在中国人眼里是无限大的，因此有"寸心原不大，容得许多香"之说，这其中包含了很多文化内涵在里面。但对于外国人来说，相较于一朵小花，或许洋兰更具视觉上的冲击力。但在我们中国人眼中，尤其是在文人眼里，洋兰是直观的，并无深层次的审美价值，仅适用于逢年过节时家居的美化装点，开完花便丢进垃圾桶里，根本不会像对传统兰花那样年复一年的精心栽培莳养，这就是文化的力量在起作用。这些对于外国人尤其是西方人来说，就会觉得不可思议，就像本次展览中，一些外国朋友对一些岭南盆景的造型就不太能够理解。因此，中国盆景要使外国人理解，你就得向他们阐述其中的文化内涵，我们需要让外国人理解中国盆景的创作理念和其中的文化内涵，才能真正使他们理解和喜爱中国盆景。

另一个影响是技法，岭南盆景对国外盆景制作技法的冲击肯定是有的，国外的盆景造型长期受日本盆栽的影响，尤其是受日本商品盆栽的影响较深。相比之下，岭南派盆景的技法更符合自然之理，线条变化丰富，层次虚实相间，具有更好的立体视觉效果。这样一种成熟而优秀的盆景创作技法，通过各种形式的交流活动不断创新，我想一定会对国外的盆景创作产生积极的影响。

芮新华

中国盆景艺术家协会副会长
2012 中国盆景精品展（中山古镇）评委

这次中山展规模大，省展 500 多盆，全国展 200 多盆，小型展 100 多盆，还有超大型不参评盆景共计有近千盆盆景参展。从参展作品内容来看也是百花齐放，树种比较齐全，手法体现多样，还有不少新作品初次展出，总得来说这次展览是目前国内参展数量多质量好泊来品少精品较多、规模大、组织接待相对到位、比较成功的一次大型盆景展览。

这次展览通过部分作品的展示，让人们看到了南北盆景技法的交流与运用，并得到了比较理想的艺术效果。说到不足之处，岭南的盆友们也知道，就是配盆方面需要再讲究一点，盆景几架需要再下点功夫，盆面处理需要再认真一点，通过结合岭南画派的画意和技法，使岭南盆景得到了创新，岭南盆景文化得到了全面升华。

中国盆景文化走向世界这是一个大课题，你要想让外国人看懂中国盆景，理解中国盆景文化，你得先有一批成熟并能体现中国盆景文化的优秀盆景作品，通过展览展现给外国人看，并把作品能体现中国盆景文化的部分介绍给他们，使他们看到中国盆景中所体现的中国盆景文化，那么他们对中国盆景文化就会感兴趣了。就像现在许多老外在学汉语一样，他们也会同时学一点中国文化。没有文化内涵的盆景是盆景的形，而中国盆景文化是盆景的魂与神，神魂与形有机结合展现出的盆景，就是有中国盆景文化的中国盆景，中国盆景文化在世界上流传越广越深，中国盆景在世界盆景界的地位就会越高，所以我们要抓住一切机会大力宣传中国盆景文化，当然在宣传中国盆景文化的同时，我们还要注重中国盆景的创新，与时俱进、不断前行，才能使中国盆景早日回归到它应属的位置。

孙建军

中国盆景高级技师

这次中山展总体来说是好的。我因单位里有事，没去现场。我们杭州去了很多人，听说展览很不错。我认为这次展览的评奖是蛮公正的，由于没去现场，其他的就不好说了。我自己的作品由于尺寸没拿捏好而超标，没能参加评奖，很惋惜。

岭南盆景在中国是有一定地位的，尤其是它的杂木类盆景，这一点不可否认。虽然松柏类有所欠缺，但是应该可以成为中国的一个标的。

我觉得中国盆景要走向世界是很有意义的。盆景起源由于中国，日本也是中国的血系，但是现在不得不承认日本的东西是好的，比较成熟。日本有自己的文化，我们国家也有我们自己的文化，我们一定要走自己的文化道路，不断创新，坚持中国的盆景文化道路。我喜欢文人味的盆景，因为里面有中国的文化，几千年的文化。虽然日本的东西好，但我们的东西也不差，但是由于战争、运动等原因，影响了中国盆景的发展，我们作为盆景人、爱好者就要好好地引导、推动我国盆景的发展。

我觉得盆景要发展要创新，政府起着关键的作用，我们从与日本盆景爱好者的交谈中获知，日本政府是很支持盆景事业的。我们国家的高层人士应该呼吁一下政府来关注盆景文化，支持盆景的发展。例如，展览会的场地、资金等问题，政府应该给予支持。

我做盆景三十余年，个人觉得我国盆景文化一直发展缓慢，自改革开放以来，盆景文化飞速发展，与外界的交流也频繁起来。盆景文化是中国的文化，不是某个人的文化。我们要多活动，多交流，多创新，多举办展览会，但是关键在于要统一思想。只有先进的思想才能引导行动，创造出更多更好的盆景作品来。

胡世勋

中国盆景艺术大师 中国盆景艺术家协会副会长

我们在盆景创新的时候只是就盆景而论盆景，拘泥于在一棵树上狠下功夫。我个人认为盆景是大自然的缩影，我们应该把盆景放到大自然中去。自然界是草长莺飞、万物相生、多姿多彩的，树木、山水、水旱盆景的创作应该紧密地与诗词、书画、奇石、园林景观相结合，甚至和戏剧舞台、古建、楼台、亭阁、水榭及大型假山瀑布、旅游胜地、公共绿地相融。因此，盆景的创新不应单单从盆景自身出发，也应当换一下角度考虑盆景在现实生活中的综合应用和巧妙搭配，考虑盆景与其它文化艺术的结合，让盆景艺术融入更多的元素。

现实生活中确实有一部分人在创作时仅仅把目光盯在获奖上，以致盆景创作的创新与进步变得举步维艰，我觉得如果盆景的创新只是为了在评比中获奖那就太狭隘了，创作中创新的过程不也是收获经验的过程吗，其中享受到盆景多元化艺术所带来的乐趣不比拿到一纸奖状重要得多吗？

创新是一个比较漫长的过程，它需要创作者一生的努力甚至是几代人的共同奋斗，创作者能和多种艺术技术融为一体，其经济基础和综合素质将得到一定的升华，与此同时中国审美艺术内涵也可以得到有效的应用。虽然中国盆景事业的创新发展还需要投入大量的精力、需要时间的累积，但我仍然从近些年盆景事业的蓬勃发展中看到了中国盆景的美好未来和希望。

吴明选

中国盆景艺术家协会副会长 中国盆景高级技师

中国的盆景要想在国际的舞台上占有举足轻重的地位，做好内功是必要前提，从对盆景细节的处理到几十年、几百年持之以恒的养护上我们都要努力地完善现有的水平。

关于中国的盆景是否要创新这个问题，答案是毫无疑问的，必须要创新！中国的流派比较多，我个人感觉不应该分派系，要资源共享，从各个派系中吸取可以创新自己作品的元素。而对于在开拓创新中是否要继承传统，我认为盆景艺术和中国的书法艺术亦是相通的，只有有了功底笔画，才有以后的行之如流水、挥毫而出的草书，因此只有继承传统的盆景创作技艺才有创新的基础，我们要先考虑继承前人通过日积月累的实践留给我们的宝贵经验，再从自己的切身实践中找到可以创新的素材。盆景的发展是不能一步登天的，它需要一个"学习－实践－再学习－再实践"的过程，盆景的创新也需要这样"继承－创新－再继承－再创新"的阶梯式发展。

当然，中国的盆景事业要走创新之路也不是一两个人搞创新或者出现一两盆创新的作品就能实现的，这需要老前辈们的接受和大力支持，也需要地区协会的发展和推广，只有热爱中国盆景艺术的同仁们同心协力、共同努力，中国盆景的创新之路才能越走越宽广。

吴清昭

中国盆景艺术家协会副会长

从我个人的观点来看，中国盆景艺术的发展正处于快速发展的阶段。要促进中国盆景的迅速前进那必须要有市场经济的推动，除此以外还应该通过多开展盆景展览、多设立盆景奖项等方式来鼓励更多的人参与盆景活动、发展中国盆景事业。

中国盆景艺术要走出国门登上世界的舞台，我认为有三点是至关重要的。第一，要有很有实力的领导者和商务财团支持。中国盆景艺术的发展需要可以担当起指导作用的领军人物，同时也需要在其背后做经济支持的坚强后盾。第二，最好的桩胚要有最好的制作者。不论资历、不论派别，只要可以把一个桩胚做成最好的盆景，那他就是这盆盆景的“大师”。中国需要很多这样的“大师”来发扬中国的盆景艺术。第三，不能守旧，要打破传统、打破常规。一味地按老传统来制作盆景，每年例行公事地举办盆景展览是不能前进的，更不能推动中国盆景艺术的发展，只有打破旧观念，寻出一条有中国特色的盆景创新发展之路，才能使中国的盆景走向充满希望的明天。

郑国顺

中国盆景高级技师

盆景和其他艺术品不同，它是需要时间来生长、成熟的，中国建国初期人民生活水平低，很多人奔波在温饱的水平线上，何谈搞盆景艺术，因此我们国内的盆景主要还是缺乏年份。而日本的盆景很多都是创作了几十年，有的甚至是几代人共同创作的。所以我们应该承认日本的盆景在总体水平上确实是占上风的。但是面对现在有些人盲目地追逐日本的盆景，甚至不惜花大价钱从日本购买盆景的现象我是持反对态度的。我在创作盆景的初期阶段也曾从日本购买过盆景，并按照我的想法去把它创新，但是经过十多年的努力后却依然改不掉原来的味道，缺少自然的野味，更无法体现中国式的意境。从别人那里“拿来”的盆景只能是改进而不能是改变，它很难真正地成为你的东西。

我个人认为，学习使人进步，交流使人提高，中国的盆景事业应该走向世界，在世界的盆景艺海中提升自己。但是走向世界的话就必须要创新，我们学习的是先进的养护、管理的技术，意境和神韵却要是自己创作的。可是创新并不只是一个口号或一个想法，没有经过操作的创新只是空想，毫无用途。只有根据自己的创新思路因树施艺，反复不断地试验、不断地探索研究，才能做出有新意的好盆景。

阮阳

中国盆景高级技师

作为一个 80 后的年轻人，我在盆景制作方面肯定和老一辈的盆景艺术家们有所不同，每一个年龄层都有这个年龄层的审美标准，我们的审美标准不同自然对盆景的制作也不同，除此以外，在工具的应用、细节的处理等方面也会有所不同。虽然我们这样的年轻盆景制作者会有自己的新想法、新创意，但是要把自己的创新应用在盆景制作上仍然是顾虑重重的。一方面，在各种盆景展览的评比中，获奖的经常是那些"老牌树"，造型新颖、符合年轻人审美观念的盆景很多时候并不被评委看好；另一方面，盆景的市场价值也是它能否创新的一个决定因素，具有创新意义的盆景很难满足顾客的需求，中国的盆景市场仍是以传统的"大"而"怪"为经济价值高的标准，所以在中国，盆景的创新之路是很艰难的。

另外，盆景的发展需要广泛的普及，需要更多人加入到盆景创作中，也需要更多的盆景作品走到人们的生活中去。因此，我认为中国的盆景事业只有注入年轻的血液才有活力，才能生生不息。要通过宣传来吸引年轻人的加入，更需要公正的评比和各界的认可来鼓励年轻人用创新思想进行盆景创作。而对于盆景本身，我觉得盆景未来的发展应该是主要由人工培育而成的树种，是体型小的、可以普遍被大众接受的，是人人可以拥有、人人可以欣赏、人人可以创作的艺术品。

郑大兴

中国盆景高级技师

中国的盆景要走向世界，应该多报道和宣传中国成熟的盆景作品，让国外看到我们优秀的成品，增加国际交流，打出中国的品牌。日本、欧美的盆景很多都是外形整齐、分层清晰但是内部结构缺乏变化，中国的盆景虽然在枝干上基础变法比较讲究，但是在盆面处理、根部造型、层次感等方面尚有欠缺，因此中国盆景走向世界应该是互相交流、互相学习的过程。

对于创新，我认为盆景的发展肯定是要不断创新的。创新的思想其实很早以来就是有的，但是由于各种原因大多没有被应用到制作之中。我曾经创作过题名为"凌空飞渡"的创新作品，但它在展览中并不被看好，认可度不高。尽管如此我在三十多年来的创作中并没有放弃创新，我也相信有不少人和我有同样的经历，但我们都不会放弃创新、更不会放弃发展盆景事业，因为我们爱好盆景事业并希望它兴旺起来。当然，也有个别的创作者走入创新的误区，虽然用了打破传统的方式，但过于夸张、哗众取宠，我认为这是不可取的，无论是创作还是创新都应该按树的特性来制作。

曹军

中国盆景高级技师

中国盆景具有中国的传统园艺元素和中国的文化底蕴，很多作品都是从中国绘画理论出发的，讲究盆景的“枯古苍老”、“自然遒劲”、“山水造景效果”等，并注重作品意境的表达。在造型手法上有“树桩盆景”、“丛林盆景”、“附石盆景”、“花果盆景”、“山水盆景”等多种形式，在造型上，近几年南北方造型手法相互融合，造型线条上也是变化多样。可以说从盆景的艺术角度来讲，即使是在世界盆景范围内相比较，中国的盆景也毫不逊色，但是从盆景的养护、加工等技术的科学性来讲，的确和一些国家、一些地区还稍有差距。

我个人认为，盆景创作的艺术性是因各国文化而异、因个人修养而异的，中国盆景要在世界盆景的舞台上处于领先的地位，很重要的一点就是技术上的创新。我们需要从盆景技术先进的日本中国台湾等国家和地区引进栽培养护、管理等方面的科学手段并大力推广，也需要中国盆景界人士自己摸索、创新。

在以往的评比中，大多数创新的作品认可度并不高，一方面可能是创新的作品自身有一定的问题，另一方面可能是对传统的颠覆很难被接受。就我所熟悉的湖北树石盆景的创新来讲，它所表达的意境和主题更加丰富而宽泛，创作方向是很好的，但在努力创新的时候应该在树桩和山石的细节上做得再细腻一点，同时也希望媒体对这些创新作品多加以宣传，希望中国的盆景爱好者能放宽胸襟接受新鲜事物。

朱永康

中国盆景高级技师

现在有一些人崇尚日本和欧美的盆景，但是就我个人观点来看，至少在审美方向上我是不赞成这种趋势的。中华民族的文化渊远流长，盆景也是在很早以前就有了其蓝本，可以说我们自己的审美观早就随着中国山水画、中国诗词歌赋的发展而成形了，其中的“诗情画意”是我们在学习、生活中耳濡目染的，这种根深蒂固的传统审美观是种到我们心里的，也是我们在创作中很自然就流露并渗入的，因此我更倾向于发展有民族特色的盆景。

众所周知，如今苹果手机销量超过诺基亚，成为世界上最大的智能手机商，其功不可没的就是乔布斯“用创新改变世界”的精神，中国盆景艺术要发扬光大，创新精神也是必不可少的。可以说任何可以传承的艺术都是通过创新不断发展而来的，我们盆景艺术现在正在走的也是创新之路。但是不会行走就打算奔跑只能摔跟头，所以我认为盆景创新是一步一步形成的，并且不是每个人都能搞盆景创新的，盆景的创新需要有深厚的功底并有较高技艺的创作者经过提炼盆景创作中的精华，使其达到一个更高的层次。创新本就是一件辛苦的事情，需要你在本没有路的地上开辟一条新的道路来，虽然这条路很艰难，但我仍然期待中国的盆景创作者能披荆斩棘，早日探索出一条有利于盆景事业前进的创新之路。

盆景造型与艺术意象

From Art Image to Penjing Styling

文：池泽森 Author: Chi Zesen

"盆景造型"可以说既是盆景艺术意象的代名词，又是盆景意象产生的过程，也是盆景艺术创作手法和虚象物态化的手段。对于艺术意象的塑造起着至关重要的作用，不同的"盆景造型"表现的艺术意象完全不同。

造型，一般指表演艺术塑造角色外部形象的手段之一，也指铸造中制造铸型的工艺过程。造型艺术，是用一定物质材料（如纸、布、颜料及木、石、泥、铜等）来塑造可视的平面或立体形象，反映客观世界的具体形象。盆景造型，则用树木、石、泥等材料按照盆景艺术规律安排、施行一定技艺，使之成为具有协调匀称、线条优美、能够反映自然风光，表达作者审美理想和情感、有生命的盆景艺术作品。

盆景是艺术品，艺术品是为满足人们精神生活需求的一种特殊的精神产品，就是让人们在劳动工作之余，通过欣赏艺术品得到愉悦、乐趣，进而得到教益。要满足这种需求，首先是要求艺术品有使人赏心悦目的、鲜明生动、引人入胜的艺术形象，这种形象就是艺术意象。

创造艺术意象，自古以来就是一切艺术家的共同目标。中国的美学家认为，一千多年前南朝齐代的刘勰在《文心雕龙》中就提出"隐秀"一说，云"隐也者，文外之重旨者也；秀也者，篇中之独拔者也。""状溢目前"曰秀，"情在词外"曰隐。秀为外在感性物象，隐为内在意蕴。可见隐秀即意与象的交融，也就是形式与内容的有机结合，体现了对艺术意象创造的追求。20世纪西方美学家贝尔认为，艺术的本质在于"有意味的形式"，强调形式与内容的统一，要求艺术创造一个超越现象实在的意象世界。

艺术品是人创造的，无论艺术创作还是艺术欣赏，人是主体。艺术意象是"意"与"象"的有机结合，"意"是主体根据自已的审美理想、生活体验、思想情感所确立的创作意向；"象" 是按照主体"意向"而联想、想象、创造出来、能够体现主体之"意"、能够为感官直接感知、体验到的虚构表象。

盆景是活的立体艺术，它所选用的物质载体主要是活的树木，这些树木在生长过程中，由于外界环境的影响和自身的变异，有的整体树势独具韵味，有的表层肌理形态奇异，其质料自身就具有相当的视觉冲击力，具有一定独立的审美价值。所以，有人说从山野或苗圃挖回来的树在盆上种活长好就是盆景，为何还要造型？诚然，这样的树，在森林里欣赏是森林艺术的内容之一，在园林里欣赏是园林艺术的一部分，作为绿化树木是装饰艺术的一部分。盆景的艺术特色，是把分散于自然界各种复杂环境条件下生长的、能使人们精神愉悦的各种树的形态、神韵，在盆中的树木载体中反映出来，用以表现某些异类具相，表达人们的某些思想情感，单靠纯天然树的形神就不够了。只有充分运用这些树木自身的优美品质与人工造型艺术符号融为一体，创造出完整

中国盆景赏石
CHINA PENJING
& SCHOLAR'S ROCKS
主编：中国盆景艺术家协会
Edited by China Penjing Artists Association

成为中国盆景艺术家协会的会员，免费得到《中国盆景赏石》

告诉你一个得到《中国盆景赏石》的捷径——如果你是中国盆景艺术家第五届理事会的会员，每年我们都会赠送给您的。

成为会员的入会方法如下：

1. 填一个入会申请表（见本页）连同 3 张 1 寸证件照片，把它寄到：北京朝阳区建外 SOHO 西区 16 号楼 1615 室　中国盆景艺术家协会秘书处（请注明“入会申请”字样）邮编 100022。
2. 把会费（会员的会费标准为：每年 260 元）和每年的挂号邮费（全年 12 本共 76 元）通过邮政汇款汇至协会秘书处，请注明收款人为中国盆景艺术家协会即可，不要写任何收款人人名（务必在邮寄入会申请资料时附上汇款回执单复印件，以免我们无法查询您的汇款）。
3. 然后打电话到北京中国盆景艺术家协会秘书处口头办理一下会员的注册登记：电话是 010-5869 0358。

会费邮政汇款信息：

收款人：中国盆景艺术家协会

邮政地址：北京市朝阳区建外 SOHO 西区 16 号楼 1615 室　邮编：100022

（注：由于印刷出版周期长达 30 天以上的原因，首期《中国盆景赏石》将在收到会费的 30 天后寄出）

中国盆景艺术家协会会员申请入会登记表

证号（秘书处填写）：

姓名	性别	出生年月	照片（1 寸照片）
民族	党派	文化程度	
工作单位及职务			
身份证号码	电话	手机	
通讯地址、邮编		电子邮件信箱（最好是 QQ）	
社团及企业任职			
盆景艺术经历及创作成绩			
推荐人（签名盖章）			
理事会或秘书处备案意见（由秘书处填写）： 年　月　日			

备注：请将此表填好后，背面贴身份证复印件，连同 3 张 1 寸照片邮寄到北京市朝阳区建外 SOHO 16 号楼 1615 室　邮编 100022。
电话 / 传真：010-58690358，E-mail: penjingchina@yahoo.com.cn。

“延眺入幽篁” 观音竹、英石 盆长100cm 池泽森藏品

的艺术意象，才有思想感染力，才能成为蕴涵深厚意味的艺术品。

意象的创造过程一般都历经“心血来潮”、“浮想联翩”、虚构成象、物化实现的过程。玩盆景的人平时总是比较注意观察体验自然树木、山川景观的形象，创作每一件作品时，无论是艺术的追求、还是情感冲动而“心血来潮”，立意在先；还是触景（物）生情因形赋意，一旦灵感激发产生创作欲望，总会“浮想联翩”，在头脑里不断闪现平时观察体验中积累在脑里的相关树木景观记忆形象，产生许多想象、联想，使这些零散的记忆与各种人文、情感产生碰撞、交汇、综合、提炼、概括，按照自己脑中的自然想象进行虚构；接着根据虚构意向，师法自然，重新组合、生成一幅心理上感到完美的意象；并选择能把意象表现出来的树木载体，按照意象要求进行取舍、修剪、蟠扎、养蓄，物化成天人合一、富有意味、鲜活生动的艺术意象。“心血来潮”是创作欲望的产生；“浮想联翩”是意象的孕育；虚构成象是意象生成；物化实现，就是运用各种技艺进行造型，使意象物化成可视可触的、付诸现实的、有意味的艺术景象。艺术意象的创造，有时可能巧遇机缘、心有灵犀、材料条件具备、信手得来、一气呵成；也有可能不止“怀胎”十月，甚至数年，反复实践，几经修改，长期培育，才心满意足，生成物态化的意象。

“武夷风情” 六月雪、真柏、常山化石 景屏高55cm 宽110cm 池泽森藏品

盆景艺术意象的创造，是盆景艺术品源于自然、师法自然、高于自然的体现。“源于自然”是指创作的源泉来于自然景象在主体脑中的积累、主体大脑的自然思维及取于自然的活的树木材料；“师法自然”是指模仿自然树木景观中有意味的形态创造意象，遵重自然规律进行造型、培育；“高于自然”是指这物化了的意象已不是那一自然树、景的照搬，它既是各种相关树木景观自然形态的碰撞、交汇，又融入主体自然思维、思想情感、自然社会人文哲理，富有诗情画意、形神兼备，能够感染人的思想情感，唤起联想和想象，形成意境。但是意象又还不是意境，“意象”是从载体材料、造型符号的物理时空存在状态向心理时空存在状态的转化，虽是虚构却已物化成实景；“意境”则突破了意象的实景域限，是在意象之外再造的蕴含着浓厚的人文气息和情感、

“嫦娥新思” 六月雪、海母石 圆盘直径55cm 池泽森藏品

虚空灵奇、丰富多彩的精神境界。意象是意境的前提，意境是意象的升华。如果说意象的创造过程，是将无限的自然树木、百里山川之势，浓缩到有限的咫尺盆面，用艺术形象来表现胸中之意、表达对树木山水之情；那么意境的形成过程，则在于从有限盆面的树木山川，感悟到无限的百里山川之势，体悟树木山水之情。

“盆景造型”可以说既是盆景艺术意象的代名词，又是盆景意象产生的过程，也是盆景艺术创作手法和虚象物态化的手段。从艺术表现手法来看，主要是从（天然形态与人工仿制和谐融合的艺术符号所指示、负载的）意象来直接感知，有的也借助模仿、比喻、象征、联想、移情等手法来认知。从物化过程来看，从选材、截留、上盆定位、截干蓄枝、修剪蟠扎、摘叶雕刻到水肥养育、配架置景等等都是造型的方法。

引领中国当代盆景艺术繁荣发展的大师们以及成功的盆景艺术家，都非常重视创造完美的盆景艺术意象，运用其长期创作实践中形成的、各具特色的技艺、手段和艺术语言，创造了形式多样、内容丰富、多姿多彩的意象世界：或表现阳刚壮美，苍劲挺拔、粗犷高古、雄壮伟岸；或表现阴柔优美，秀丽典雅、含蓄飘逸；或表现爽朗喜悦，色彩醒目、伸展飞扬；或表现悲壮激越，伤残撕裂、枯骨嶙峋；或表现丑险怪异，欹斜悬挂、曲折凹凸、令人震撼等等。贺淦荪大师提倡“盆景造型立意为先，形随意定，景随情出，因势利导，变化万千。”他的动势枝法和他所概括“自然的神韵，活泼的节奏，飞扬的动势，写意的效果”，为我们创造盆景艺术意象树立了典范；赵庆泉大师创造的盆景艺术意象无拘无束、悠闲自然、勃勃生机，再现了丰饶明丽的江南山水；浙派松柏盆景意象优于高干、合栽，挺拔豪放，迂曲扭结，顶冠欹斜攫拿，体现出苍劲峻峭、昂扬奋发的精神风貌；有的柏树盆景扭曲撕裂之余仍有苍翠枝片，生命抗争的意象令人惊心动魄；韩学年大师的素仁格松树盆景意象劲瘦洗练、自然随意、狂放多变、格外耐人寻味；著名园林大师、杰出盆景艺术家张夷的砚式逸品盆景意象不再拘于山水树木，戏曲场景、人物、唐诗宋词都演化为盆中景致，而且用不规则石材为承载器皿，边沿自然伸展，使盆与景融为一体，形式与内容有机结合，充分表现了自然精神和诗情画意。

诚然，并非所有的作者、所有的盆景创作都能创造出那么经典的意象。但是，意象的创造是盆景艺术创作的核心，大凡盆景创作，创建和运用各种技艺手段都是以创造意象为目的、围绕意象这个中心而努力。

注：引言书目为蒋孔阳等《美学原理》、刘勰《文心雕龙》、《贺淦荪论盆景艺术造型》等。

侧柏盆景
垂枝式造型的探讨

Discussion on the Weeping Style of *Platycladus Orientalis*

文：陈继仁 Author:Chen Jiren

作者简介

陈继仁，中国盆景艺术家协会会员，湖北省盆景艺术协会理事。

侧柏盆景作为树木盆景的新秀，一改“名不见经传”的局面，逐步被专家学者们认同。让侧柏盆景走出禁区，使侧柏的造型风格摆脱模式化格局，这不仅是我个人由衷期盼的事情，更是专家学者们需要研究的重要课题。

我认为，侧柏不仅能做垂枝造型，而且具备了能做垂枝式造型的优势。一方面，侧柏除完全具备柏科植物的优良性状外，更突显的优势是其新生枝条纤细柔韧、可塑性特强；另一方面，在自然生长条件下，其半木质化枝条就开始下

图 1 “忠心可鉴” 侧柏 高 96cm （正面）

垂，随枝条老熟，又衍生更多的下垂新枝，在民间素有“线柏”之雅称。由此可见，侧柏的生长特征是动势盆景中垂枝式造型时极为需要的特性，因此，动势盆景的垂枝式造型唯侧柏而莫属！

下面，重点谈谈垂枝式造型的操作技巧与宜、忌：

1. 主干必须扭曲斜出，舍利要神枝兼顾、得体、苍劲有力，谓百折不挠之气势，切忌通直刚正；

2. 主枝以三、五枝为宜，切忌过密，力求整体通透明了，让观者对主干及分枝的来龙去脉一目了然，且必须有竖有横，特别是对一侧斜出的主干，如能在背向的偏后方设置一竖向强枝，更能打破此空档处的平静，增强整体画面的协调统一。另外，对每一条分枝的方位、角度和长短，必须严格调整，做到有波有折，因为它们不仅决定着一件作品的整体结构意向，更是影响作品品位的关键一步。再者，尽管枝条间的走向各异，每条枝条，包括分枝，枝枝应有结顶，这就是我们通常强调的“一枝成景”的具体体现。切忌平行横出、左右对称、齐整划一；

3. 分枝，这里所指的是从主枝上着生的侧枝和第二、第三级再分枝，处理好此类分枝，同样有取舍、走向的技法要求，而大致做法是取曲（枝）舍直（枝），取上（枝）舍下（枝），枝基宜疏，枝中段稍密，枝尾端再疏，枝条走向应依出枝点而定。因主枝和侧枝的上下左右都有分枝，除下方枝条原则上应除去外，剩下的还有两侧和上面的枝条，对这类枝条，只能按左出左走，右出右走，上出上走，绝不可左右交叉，上下强拉，并且要在确定走向的基础上，做好下垂枝的过渡造型，也就是按照每条枝条的生长部位和走向，再从枝条基部开始略做上扬后，急速做弯平出一小段后，再做弯下垂，这就是蟹爪枝的制作要领，称先扬后抑，为下垂枝的造型做好准备；

图 2 “忠心可鉴” 侧柏 高 96cm（背面）

4. 下垂枝，侧柏枝条虽有下垂的趋势，属半下垂状态，且垂下嫩枝较短，但又不能与柽柳、垂枝侧柏及小石积等同理而论，因每次下垂的枝段较短，所以，必须待上次制作好的下垂枝老熟定型后，再分多级做下垂造型，实际上，侧柏新枝是由类叶脉型中脉发育而成，每一片叶片的中脉都能发育成枝条，在继续做下一级垂枝造型前，就应保留该叶片中段一生长势旺的侧叶片，剪除以下嫩叶，既能加速所留叶片中脉的木质化过程，又能集中养分，促使新生叶片生长，在剪除了嫩梢的叶段，会有多片侧叶片中脉老熟，在进行下一级垂枝造型时，可适当考虑在同一下垂枝段，再派生一至两条下垂新枝，对新增下垂枝的基部，必须成 h 型下垂造型，千万不应成倒 v 字型造型，也就是在做下垂前应有一个 90° 的转折，然后再垂直下垂，下垂角度必须与盆面垂直，切忌任意飘移，以形成弯树垂枝的强烈对比效果。达到先扬后抑、曲上直下、有争有让、高低错落、方位各异的视觉感受；

5. 叶片，侧柏叶片总是呈互生状对侧生长，有些叶片又呈侧向生长，形成上下排列，这时就应剪短上扬叶片，放长下垂叶片，称作控上扬下。

总之，在侧柏垂枝式造型的叶片处理上，必须去除直线下垂段以外的所有叶片，使整体树型干净、规整，以求凄风无惧、苦雨不屈、历尽沧桑、油然而生的艺术魅力！

映山红的造型

The Modeling of Azalea

文：张志刚 Author：Zhang Zhigang

映山红是杜鹃花中常见的一种，因其花开时映得满山皆红而得名。在我国长江流域及其以南广大丘陵地区均有分布。

映山红品种繁多，花色艳丽，素有"木本花卉之王"的美称，古今中外的文人墨客作了许多赞诵映山红的美文诗句，如今盆景爱好者将其请入盆中，精心呵护，培育成景，更展其美，映山红已成为我国观花盆景家族中的重要成员。

映山红养护管理多有人提及，在此不作赘述，仅就造型修剪谈点个人体会。

映山红为灌木，根蘖萌发力强，多丛生，干直少变化。偶有砍柴截干反复者，侧枝横生，变化丰富，这样的桩材是我们盆景人梦中所求，但可遇而不可求。

对于花果类盆景，部分爱好者思想上存在一个误区，应引起重视。多数人认为花果盆景只要花开的美，果结的多就可以了，其实不然。花果观赏期在树木的年生长周期中仅仅是短暂过程，一时的光芒瞬间即逝，大多时间还是观叶观骨，所以对树体的全方位塑造更为重要。

映山红的培养同样如此，不论桩材基础多好，何种树相，在培育初期都不要急于赏花，应以枝干蓄养为重点。新桩培养前五年，甚至更长时间主要任务是提升树格，即先塑造健全有力的枝冠，这在创作上与其它杂木盆景一样，不要因为其"以观花为主"而降低塑形标准。枝干培育期间每年秋初最好及时去掉全部或大部分花蕾，使树木保持以营养生长为主，达到快速"壮骨"的目的。数年之后做到"春看花、夏赏叶、冬观枝"，季季有景，你就会领略到付出的回报。

图 1 2004 年秋购回的映山红桩材，2005 年 4 月花开时所照。此树一本七干，主次有别，富于变化，是上等桩材。（枝条已作初步蟠扎牵拉，正在蓄养骨干枝）

骨干枝的培养宜采取"蓄枝截干"之法，并且要"扎剪吊结合"。因为映山红花大，故在初期定位留枝时，枝距要适当拉大，预留空间，然后根据所留枝条的出枝方位按塑形要求进行蟠扎（干枝宜平垂，且力求曲折变化），必要时辅以吊拉，后紧跟肥水，放其生长（枝条陷丝后，及时解除），当基部达到理想粗度时，进行第一次截枝，后继续培育第二、第三级枝……历经数年，树体骨架方具雏形。这样虽然花费时日，但

图 2 2012 年 2 月修剪后所照。历时七年培养，枝脉清晰，层次分明，但枝片尚不成熟，有待日后进一步完善。

图 3 枝条的蓄养是造型的重点，仅养壮还不够，还要通过多年反复的“扎、剪、养”，以塑造线条变化丰富，富于力度与韵律美的枝片。

是树体健硕完美,枝条粗度和力度兼具，情趣与变化共存。

映山红枝脆易折，蟠扎时要小心。4 月下旬至 6 月上旬的生长旺季，枝条相对较软，可对较粗枝条蟠扎牵引。冬天不宜蟠扎作业。

映山红耐修剪，隐芽受刺激后极易萌发，可藉此控制树形，复壮树体。一般一年作两次重要的修剪：第一次在 4 月下旬花谢后，此时剔除所有残花及花柄，对枝条进行缩剪和疏理，为新芽萌发预留空间；第二次是在冬天落叶后，此时枝脉清晰，宜作强剪整形，对花枝也作选择性疏理，这样春季花开时方有层次，不致拥挤。

生长期内疏芽、摘芽、疏叶也很重要。4 月下旬至 5 月初应对新发嫩芽进行梳理，去掉多余蘖芽，保留造型所需，一般枝端的轮生芽保留两个，对生芽变为互生。

随着季节生长，枝条强弱会逐渐显现，我们对强枝要及时控制，新枝保留 2~3 节进行摘芽促萌，这种作业可延续至 6 月下旬，摘芽后所发新梢，当年均能形成花蕾。在这以后摘芽时也会萌芽，但多为叶芽；一般立秋前后萌发的新梢，尚能木质化。若形成新梢太晚，冬季易受冻害。

成熟的映山红盆景生长期枝繁叶茂，叶冠通透性差，我们所要的花枝多生于小枝端，因为保证花枝的正常发育最为重要，故应对强枝大叶进行 4 至 5 次必要的间疏，以改善内部通风采光。

俗话说，“功到自然成”。盆景造型非一日之功,不可急于求成,应立意为先，因材施艺，循序渐进，只要用心培育，精心塑造，花开祥和，指日可待。

图 4 “山花烂漫” 高 55cm，宽 110cm，张志刚藏品（拍摄于 2012 年 4 月）。

2012 中国风之旅 (3)
——2012 中国盆景精品展（中山古镇）后广东周边中外嘉宾参观团访问系列
——海昌盆景园篇

访谈及图文整理：CP Interviewer & Reorganizer：CP

2012 China Wind Tour (3)
– The Series of Foreign Guests' Delegation Visited Guangdong Surrounding after 2012 China Penjing Exhibition (Guzhen Town of Zhongshan City) – About Haichang Garden

站在园内小亭所见美景

古！奇！大！叹为观止的广东东莞罗汉松超级收藏家朱日明先生的盆景园——海昌盆景园令所有前来参观的中外嘉宾感到震撼。胸径 40~60cm 的罗汉松在别处经常一树难寻，而在这里却比比皆是，而且大多大气磅礴、造型天趣，奇野天成，气势慑人！一股罗汉松的王者之风在这个园子里令很多喜欢罗汉松的嘉宾们心动和心跳。因为这里的好树材太多了！虽然这里的大多罗汉松仍在养护成长的坯材处在尚未成型阶段，但这些仍养在地上的、叹为天趣难得一见的巨型罗汉松仍然诠释了这个盆景园令很多人慕名已久期盼到访的原因。在这些罗汉松的身上你能看到一种他处绝少见到的罗汉松古、奇、大的充满王者之风的样本。在这里，这些野奇气质的罗汉松会让你顿生创作灵感。从“海昌盆景园”开始，本次参观团的这次“中国风之旅”每到一处都被中外嘉宾们称为一次“真正的大开眼界之旅”！

园主朱日明讲话

这个园子里罗汉松的王者之风很流行，这棵是 600 万元收藏的罗汉松之王，地径 180 cm，高 390cm，宽 300cm。

朱日明先生是全国闻名的煤炭和航运企业——海昌集团的董事长。近年来他在国内以超级收藏家的惊人的大手笔收藏行为闻名全国收藏界。而且，他最喜欢的就是罗汉松。他以 600 万人民币收购的一棵超级罗汉松更是被很多盆景人称道。价值上百万的罗汉松树材在这里比比皆是。

其实很多人一直都慕名想参观这个盆景园，借此次中国盆景艺术家协会在广东举办展览的机会，2012 年 10 月 2 日上午，中外嘉宾们通过中国盆景艺术家协会的组织的这次“中国风之旅”终于走进了这里，平时总是闭门谢客的朱

水系永远是私家园林的主角之一

巨型树的根盘

水池边上盘卧生长的景观树

海昌盆景园的风景

园内一角

水池边上造型别致的小屋

喝茶小憩之处

大树初成型

日明先生这次热情地为此次中山展的全体嘉宾参观团敞开了这个私家园林的大门。

在园主朱日明的悉心安排下，这里举行了一个别具特色的午餐座谈会。会上，园主朱日明，中国盆景艺术家协会会长苏放，欧洲盆景协会副会长、捷克盆景协会会长瓦茨拉夫·诺瓦克（Vaclav·Novak）发言祝酒。在朱日明先生的陪同下，大家品茗论树，欢声笑语，其乐无穷，很多人在看到一棵心仪的罗汉松的时候，久久蹲在树下不愿离去，仔细观赏，在罗汉松的雄奇和野趣中寻找着和心仪的树之间的一次难得的对话的良机。

另一个角落

跟大家伙们在一起盆景人总是挪不动步——欧洲盆景协会副会长瓦茨拉夫也喜欢这些大家伙

粗大的九里香

美丽的九里香根盘

誓与天公试比劲——未来的劲道和气势

中国气派初见端倪

岁月的痕迹

用气势说话

端庄美

岭南味道的大树之材

龙卷风般的王者气质

奇势之材

大家伙之间的较量

大扭转的根盘等待着“打开天窗说亮话”的那一天

飞旋之梦

老、大、奇之风在这个园子里很流行

岭南风

强悍的云游者

未来的震撼者

想象者的空间

大根盘是超级收藏家们的最爱

雄奇之材几乎无处不在

悬垂之风的未来思考

令人瞩目的尺寸和体量

多干型的潜力股

门前的守卫者

优美的内结构

嘉宾们仔细观察

惊叹的人群

在洋洋洒洒中寻找个性

离开之前人们都在讨论这里的一个大家伙

2012 中国风之旅(4)
——2012 中国盆景精品展(中山古镇)后广东周边中外嘉宾参观团访问系列
——虫二居篇

访谈及图文整理：CP Interviewer & Reorganizer：CP

2012 China Wind Tour (4)
– The Series of Foreign Guests' Delegation Visited Guangdong Surrounding after 2012 China (Guzhen Town of Zhongshan City) Penjing Exhibition – About Chongerju

"虫二居" 主人张华江先生讲话

世界盆景友好联盟主席胡运骅讲话

中国盆景艺术家协会会长苏放讲话

2012 年 9 月 30 日，为庆祝国庆六十三周年暨壬辰年中秋佳节，"虫二居" 主人张华江先生应中山市小榄镇人民政府之邀，在中山市小榄镇龙山公园展出个人近百盆盆景精品，为家乡父老及海内外的盆景爱好者提供了一次高品位的艺术盛宴，并对家乡的盆景文化普及和发展起到了积极作用。2012 中国盆景精品展(中山古镇)暨广东省盆景协会成立 25 周年会员精品展中外嘉宾参观团一行人，受邀参加 "虫二居" 盆景艺术精品展览，并进行了国内外交流。

本次展览由中山市小榄镇人民政府主办，小榄镇盆景协会、中山市龙山置业有限公司、小榄镇工业总公司、小榄港货运联营有限公司协助联合举办。上午 10: 00 时，展览在嘉宾和盆景爱好者的掌声和祝福声中拉开帷幕。

中国盆景艺术家协会常务副会长、广西盆景艺术家协会会长李正银赠送盆景; 中国盆景艺术家协会副会长、海南盆景艺术家协会会长刘传刚赠送墨宝。

出席剪彩仪式的嘉宾有世界盆景友好联盟主席胡运骅，中国盆景艺术家协会会长苏放，中国盆景艺术家协会常务副会长、广东省盆景协会会长曾安昌，中国盆景艺术家协会常务副会长、广西盆景艺术家协会会长李正银等。

本次展览于2012年10月3日圆满闭幕。

开幕式现场

嘉宾合影

中国盆景艺术家协会常务副会长、广西盆景艺术家协会会长李正银向张华江先生赠送盆景

中国盆景艺术家协会常务副会长、广西盆景艺术家协会会长李正银
赠送张华江先生的盆景

中国盆景艺术家协会副会长、海南盆景艺术家协会会长刘传刚向张华江先生赠送墨宝

祝酒仪式

展览现场

展览现场

虫二居作品选

温馨提示
爱护展品
严禁触摸
损坏赔偿

2012 中国风之旅(5)
——2012 中国盆景精品展（中山古镇）后广东周边中外嘉宾参观团访问系列
——陈村篇

访谈及图文整理：CP Interviewer & Reorganizer：CP

2012 China Wind Tour (5)

– The Series of Foreign Guests' Delegation Visited Guangdong Surrounding after 2012 China Penjing Exhibition (Guzhen Town of Zhongshan City) – About Chen Village

2012年10月2日下午，2012中国盆景精品展（中山古镇）后广东周边中外嘉宾参观团一行来到广东省佛山市顺德陈村花卉世界中国盆景大观园参观访问。中国盆景艺术大师，中国盆景艺术家协会副会长，广东省盆景协会常务副会长、秘书长，中国盆景大观园总经理谢克英热情接待了大家。

参观团一行人首先来到了谢克英大师的天外天盆景园，当大家走进谢克英大师的园子时，看到的是谢家居住的特色住宅，走进住宅摆放的各类收藏，在欣赏屋里艺术品的过程中就不知不觉的移动到了一扇向外敞开的门，走出去映入眼帘的是另外一番景象，一面是宽阔的水面，另一面是栽种或摆放有各式各样盆景的蜿蜒小路，给人一种静谧的感觉。

嘉宾于天外天盆景园合影留念

天外天盆景园内，谢克英与嘉宾们进行了专业上的交流，日本春花园美术馆馆长小林国雄对园中一棵树的舍利进行了精细的雕刻。之后，小林国雄还挑选了一棵黑松进行了现场示范表演，小林国雄一手拿3把剪刀的技艺，引来了众人的围观和求教，期间中国盆景艺术家协会名誉会长、亚太盆栽联盟（ABFF）前理事长梁悦美教授对其制作过程进行了详细的介绍并讲述了一些盆景制作知识。来到天外天盆景园，不仅欣赏到了以盆景为主色调的现代式园林，而且还观看了日本大师的现场制作，这次陈村之行真是让每一位来宾都满载而归啊！

之后，参观团一行人在中国盆景艺术家协会副秘书长邓孔佳的带领下，又先后参观了竹溪园、金园和铭园。嘉宾们每到一个园子都会忍不住拍照留念，不单单因为有让人着迷的盆景，而且还有令人迷恋的风景。来到陈村就进入了盆景和园林风景的大观园，让人目不暇接、流连忘返。这真是一场视觉和美学的盛宴啊！

天外天盆景园门口

天外天盆景园的水色

天外天的周边景色

天外天里这种拥有大扭转根盘直径的九里香很少见到哦

小林国雄制作的第一棵树原貌

小林国雄大师看见树就手痒痒

小林国雄大师完成的第一棵树的成型后

小林国雄制作的第二棵树原样

小林国雄制作的第二棵树成型后

小林国雄制作，梁悦美讲解

中国盆景艺术家协会副会长
汤景铭的盆景园门前

嘉宾与谢家一起分享天伦之乐

谢克英（左二）与嘉宾合影留念

谢家的赏石盆景

谢家室内摆饰

谢家的巨型贝壳

嘉宾于竹溪园前合影

陈村盆景大观园里的景色

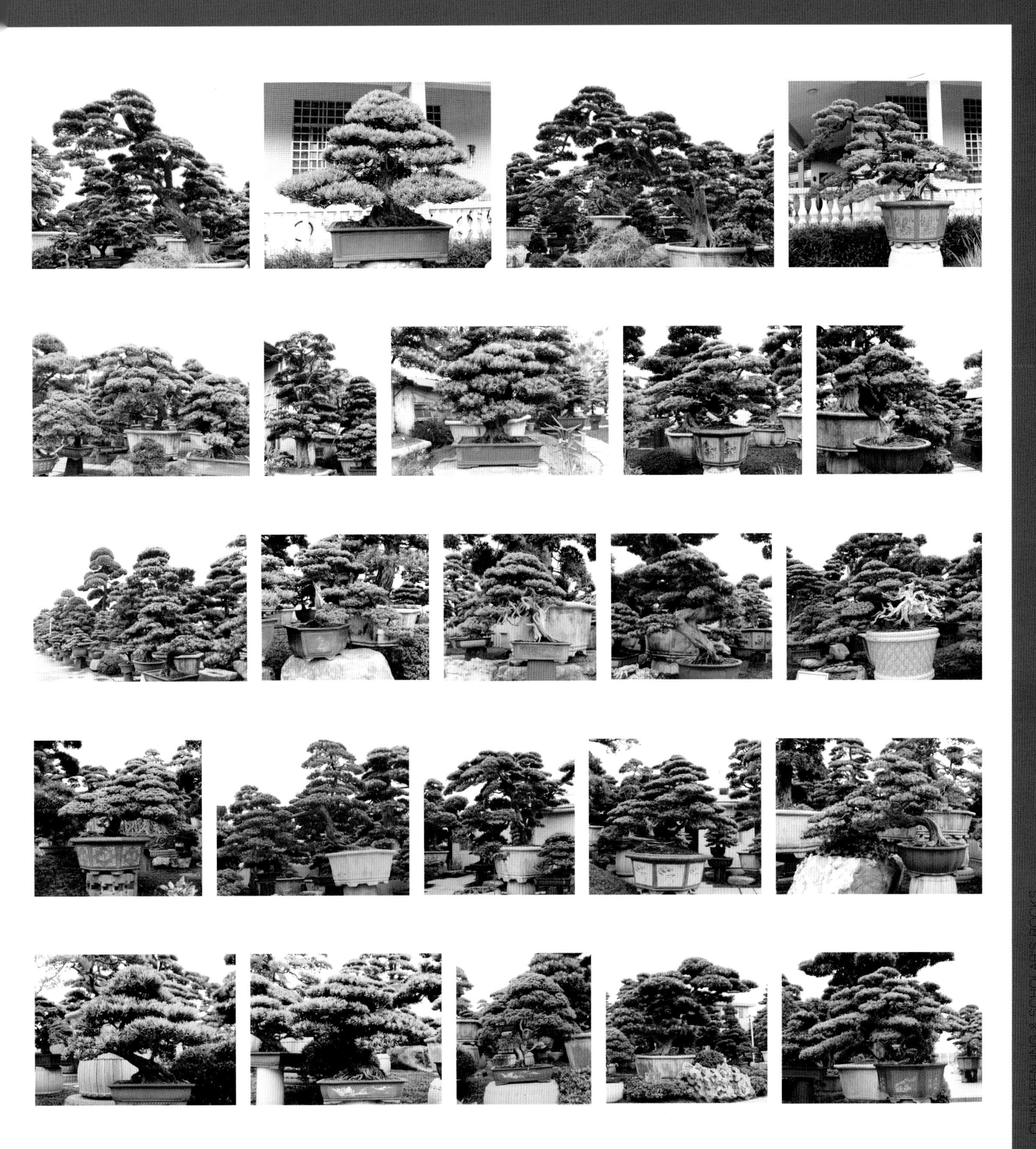

2012 中国盆景精品展（中山古镇）暨广东省盆景协会成立 25 周年会员盆景精品展铜奖作品选

摄影：苏放　Photographer: Su Fang

“揽月” 九里香 飘长 110cm 陈壁坤藏品

“云栖碧峰” 大阪松 高 80cm 沈水泉藏品

“知音” 九里香 高 125cm 吴成发藏品

“虎踞龙盘” 雀梅 李正银藏品

“云海苍龙” 三角梅 梁振华藏品

“风骨铮铮” 博兰 高 115cm 香港趣怡园藏品

“一柱擎天” 桧柏 高 120cm 缪建宗藏品

“群峰竞秀” 龙骨石（水石）王拯藏品

“史家绝唱” 小叶榆 陈万钧藏品

“林荫叠翠” 香楠 朱林辉藏品

2012 Chinese Selected Penjing (Bonsai) Exhibition Copper Award Selection

"惊涛" 三角梅 高 110cm 香港盆景雅石学会藏品

"劲骨凌风" 榕树 吴国庆藏品

"古博英姿" 博兰 朱林辉藏品

"南国风姿" 博兰 高 100cm 罗汉生藏品

"祥云" 黑松 高 115cm 吴明选藏品

"神采飞扬" 贵妃罗汉松 李正银藏品

"树盛千秋" 雀梅 王明义藏品

"古木雄风" 李正银藏品

"雄风飘逸" 小叶赤楠
高 120cm 宽 180cm 邱瑞光藏品

"敖骨绕势" 榕树 陈光明藏品

2012 中国盆景精品展（中山古镇）暨广东省盆景协会成立 25 周年会员盆景精品展铜奖作品选

博兰 林春荫藏品

"珠江双娇" 李正银藏品

"合作无间" 九里香 罗小冬藏品

"回头望月" 李正银藏品

"满堂吉庆" 棠梨 王景林藏品

"蓄势待发" 杜鹃 王金荣藏品

"风韵奇古" 对节白蜡 高 110cm 香港盆景雅石学会藏品

"松韵" 黑松 王拯藏品

"翠绿九洲" 博兰 林文藏品

"紫霞邀月" 勒杜鹃 飘长 75cm 蔡昱华藏品

2012 Chinese Selected Penjing (Bonsai) Exhibition Copper Award Selection

"珊瑚颂歌" 博兰 朱林辉藏品

黑松 欧阳国耀藏品

"缘" 山橘 叶湛华藏品

"雄风伟岸" 榕树 高 107cm 宽 165cm
厦门市集美区园林市政工程公司藏品

山甲木 陈志就藏品

黑松 陈冠平藏品

"临渊羡鱼" 博兰 飘长 35cm
黄就伟藏品

"江山多娇" 微型山水盆景 陈习之藏品

山甲木 何庆昌藏品

山格木 庞满响藏品

2012中国盆景精品展（中山古镇）暨广东省盆景协会成立25周年会员盆景精品展铜奖作品选

杂树微型（一组7～8盆）温雪明藏品

山甲木 罗培信藏品

"岁月流芳" 榆树 飘长18cm 黄就明藏品

山橘 黄江华藏品

福建茶 甘瑞春藏品

"里香寻月" 九里香 黄生贤藏品

山橘 黎德坚藏品

山橘 陈其藏品

"侠骨柔情" 雀梅 飘长23cm 黄就成藏品

黑松 黄远颖藏品

2012 Chinese Selected Penjing (Bonsai) Exhibition Copper Award Selection

“喜相逢” 5 盆组合 黄就成藏品

九里香 张建忠藏品

雀梅 梁有来藏品

“雀跃欢呼” 雀梅 刘炽尧藏品

“缘” 五盆组合 傅仁棠、伍美配藏品

榆附石 梁耀光藏品

山甲木 梁志明藏品

“蛟龙探海” 澳洲红果
高 18cm 飘长 30cm 黄就成藏品

杂树微型（一组 8 盆）刘寿文藏品

2012中国盆景精品展（中山古镇）暨广东省盆景协会成立25周年会员盆景精品展铜奖作品选

绿梅 莫永红藏品

"一息百年" 朴树 陈家劲藏品

"艰历" 榆树 麻银秋藏品

"福荫" 罗汉松 罗镜波藏品

"三月春风醉杨柳" 小石积 李玉成藏品

"风华正茂" 榆树 黄乃辉藏品

"梅林早春" 雀梅 谢锦洪藏品

三角梅 赖建国藏品

榕树 尤广才藏品

"随迎" 山格木 汤锦波藏品

2012 Chinese Selected Penjing (Bonsai) Exhibition Copper Award Selection

悬崖山松 劳杰林藏品

“天生野趣” 对节白蜡 欧继远藏品

春花水旱景 盆长 100cm 高 60cm
黄江华藏品

“乐韵悠悠江南岸” 红果 袁柏登藏品

“将军豪情” 九里香 高 120cm 陈志就藏品

“古树迎客” 相思 戴兰林藏品

“水乡情怀” 小石积 冯强藏品

“屹立” 九里香
高 130cm 王秋贵藏品

“大将风度” 榆树 钟任发藏品

“碧海游龙” 相思 欧阳铭初藏品

2012 中国盆景精品展（中山古镇）暨广东省盆景协会成立 25 周年会员盆景精品展铜奖作品选

“亢龙有悔” 雀梅 钟荔英藏品

“星星知我心” 六月雪 谭红女藏品

“岭南苍松” 山松 李明真藏品

“南山丽景” 博兰 熊树权藏品

“众志成城” 雀梅 吴小常藏品

“南疆风骨” 杜鹃 高 100cm 何兆良、陈自兴藏品

“行云流水” 山松 吕仲权藏品

“玉屏” 林英华藏品

山橘 高 55cm 何宝州藏品

榕树 张流藏品

2012 Chinese Selected Penjing (Bonsai) Exhibition Copper Award Selection

"笑迎八方" 榕树 卢国威藏品

"峭壁苍" 山橘 飘长 98cm 黄耀光藏品

"盛世风采" 红果 曾科藏品

"山居图" 水旱盆景 陈壁坤藏品

"沧桑岁月" 相思 陈伟衡藏品

"大树回头" 相思 李元辉藏品

"海角情"
博兰 温雪明藏品

"碧翠云崖" 福建茶附石 高 120cm
陈志就藏品

山橘 梁萌勤藏品

"山城春晓" 小石积 陈富强藏品

2012 中国盆景精品展（中山古镇）暨广东省盆景协会成立 25 周年会员盆景精品展铜奖作品选

“手足情深” 真柏 张乃强藏品

“玉龙探戈” 山橘 呼哨暗藏品

“双龙戏水” 黑松 付建明藏品

山松 飘长 100cm 何时刚藏品

山松 张新华藏品

“野趣” 山松 欧阳祖根藏品

九里香 劳寿全藏品

“一览天下” 博兰 朱俊斌藏品

“空腹也能成大树” 朴树 冯锦添藏品

“橘之岛” 山橘 冯卓展藏品

2012 Chinese Selected Penjing (Bonsai) Exhibition Copper Award Selection

雀梅 高 120cm 杨荣藏品

“歪腰树下好醉酒” 三角梅 高 88cm 冯都绿藏品

“巍魂” 山格木 汤恩宁藏品

“古朴雄风” 相思 谢柱波藏品

“松韵” 山松 黎应秋藏品

“捞月” 山橘 杨召忠藏品

红果 岑昭源藏品

“傲骨欺风” 勒杜鹃 洪作志藏品

“松影” 山松 陈权满藏品

2012 中国盆景精品展（中山古镇）暨广东省盆景协会成立 25 周年会员盆景精品展铜奖作品选

台湾罗汉松 黎均洪藏品

"乐在其中" 榕树 赵国元藏品

"九里飘香" 九里香 谭红女藏品

"航天揽月" 龙柏 飘长 85cm 吕仲权藏品

九里香 飘长 80cm 何时剑藏品

"驰风" 相思 林春丰藏品

"起舞弄清影"
雀梅 吴世叶藏品

山橘 薛最常藏品

山橘 萧焯华藏品

胡椒木 梁湛华藏品

2012 Chinese Selected Penjing (Bonsai) Exhibition Copper Award Selection

“傲骨” 三角梅 卓建成藏品

“捞月” 黑松 谭德中藏品

“春华秋实” 雀梅 余寿良藏品 铜奖

勒杜鹃 高 90cm 谭志坚藏品

“探渊” 黑松 飘长 120cm 陈伟楠藏品

“俯听横飞泉” 榕树 刘燕卿藏品

“龙腾凤舞逸马林” 小石积 梁汉文藏品

“南国飘香” 九里香 姚金海藏品

“一生相依” 山橘 汤锦华藏品

2012 中国盆景精品展（中山古镇）

暨广东省盆景协会成立 25 周年会员盆景精品展
超大型荣誉奖作品选

“洞天福地” 相思 800cm 叶国良藏品

“舞韵” 红果 柯成昆藏品

“天人工物” 雀舌黄杨 高240cm 韩学年藏品

“造化钟神秀” 六角榕 盆长 300cm 陈万均藏品

榕树 240cm 叶国良藏品

“灵佛生辉” 真趣松 盆长 200cm 黎德坚藏品

“东海福地” 福建茶 500cm 叶国良藏品

2012 Chinese Selected Penjing(Bonsai) Exhibition Super Large-scale Honorary Award Selection

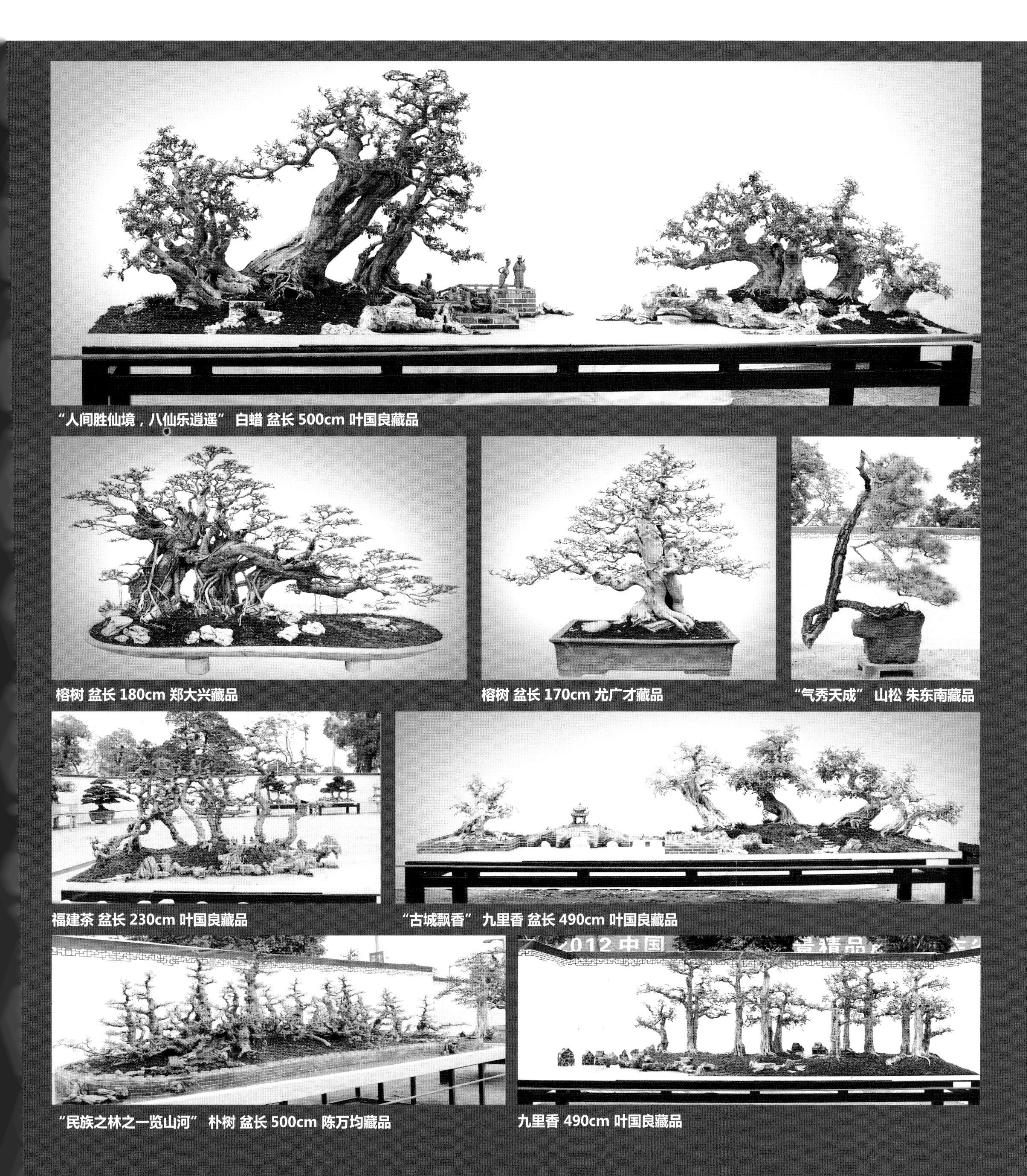

“人间胜仙境，八仙乐逍遥” 白蜡 盆长 500cm 叶国良藏品

榕树 盆长 180cm 郑大兴藏品

榕树 盆长 170cm 尤广才藏品

“气秀天成” 山松 朱东南藏品

福建茶 盆长 230cm 叶国良藏品

“古城飘香” 九里香 盆长 490cm 叶国良藏品

“民族之林之一览山河” 朴树 盆长 500cm 陈万均藏品

九里香 490cm 叶国良藏品

2012 中国盆景精品展（中山古镇）
暨广东省盆景协会成立 25 周年会员盆景精品展
超大型荣誉奖作品选

博兰 230cm 叶国良藏品

“粤韵雄风” 九里香 盆长 200cm 黎德坚藏品

“松之魂” 山松 盆长 240cm 品格丘藏品

博兰 叶国良藏品

白蜡 230cm 叶国良藏品

“一帆风顺” 榕树 盆长 200cm 刘炽尧藏品

罗汉松 张新华藏品

榕树 230cm 叶国良藏品

2012 Chinese Selected Penjing(Bonsai) Exhibition Super Large-scale Honorary Award Selection

榕树 盆长 500cm 叶国良藏品

“绿野林深” 相思 盆长 240cm 梁振华藏品

“雨林晨曲” 水翁仔 盆长 280cm 黄佛胜藏品

黑骨荣 225cm 叶国良藏品

罗汉松 张新华藏品

“南粤独秀” 水花 盆长 200cm 彭盛滔藏品

雀梅 230cm 叶国良藏品

紫砂古盆铭器鉴赏

Porcelain Red Ancient Pot Appreciation

文：申洪良 Author：Shen Hongliang

清早期红泥梨皮长方飘口盆 长 52cm 宽 27cm 高 12cm 申洪良藏品
In Early Qing Dynasty Red-clay Pear-skin Rectangular Wide-mouth Pot. Length: 52cm, Width: 27cm, Hight: 12cm. Collector: Shen Hongliang

“为善最乐”落款并非人名，而是中国后汉时期的东平王留下的一句名言。这样一个历史人物的名句被用作盆器的落款，其后面有深厚的其历史背景。清王朝创造了太平盛世,人民安居乐业，文化艺术有很大发展，盆器创作有文人的参与，爱好盆景的文化阶层借用了“为善最乐”这句名言作为落款，使作品更富有意境、更富有文人气息。

这类盆手感厚实结实，能充分感受到那份内敛的美，而经过岁月滋养风化后，所散发出来的一股静谧的气息，更是耐人玩味。

“为善最乐”款的盆器泥料主要是红泥（大红袍）、梨皮红泥、朱泥涂红泥、少量乌泥和柿泥。大型的只有一种红泥梨皮长方盆（如图），中型的有形式多样的长方盆，但绝对没有圆形的和正方形的。对于盆器要求很严格的那个时代，特别注重于不要太宽大，着重于表现盆器风雅的一面。

现存世完整的“为善最乐”盆在我国极稀少，非常名贵。经历几百年历史沧桑的真正名器，其价值永远不会褪色，是爱好紫砂古盆人士必求之名器。

CHINA SCHOLAR'S ROCKS

赏石中国

本年度本栏目协办人：李正银，魏积泉

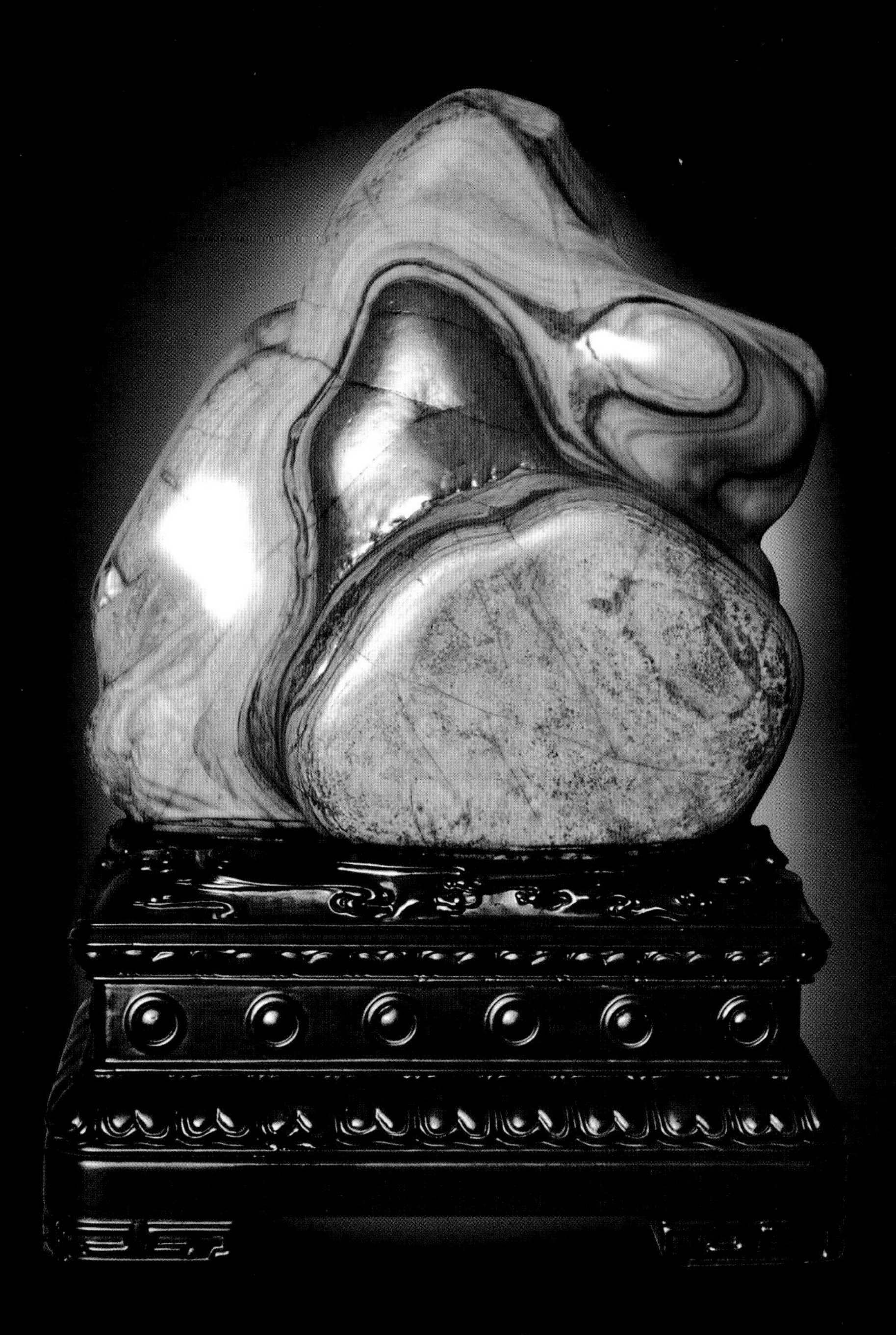

“山川” 大化彩玉石 长23cm 高25cm 宽19cm李正银藏品

“Mountains”. Macrofossil. Length:23cm, Height:25cm, Width:19cm. Collector: Li Zhengyin

“海上升明月” 乌江石 长50cm 高56cm 宽39cm李正银藏品
“Over the sea the moon shines bright”. Wujiang Stone. Length:50cm, Height:56cm, Width:39cm. Collector: Li Zhengyin

“好兵帅克” 水冲石 长26cm 高33cm 宽16cm 魏积泉藏品
“The Good Soldier svejk”. Shuichong Stone. Length:26cm, Height:33cm, Width:16cm.
Collector:Wei Jiquan

赏石文化的渊流
传承与内涵（连载七）

On the History, Heritage and Connotation of Scholar's Rocks (Serial VII)

文：文甡 Author: Wen Shen

七、清代的赏石文化（1644~1911）

公元 1616 年，女真人领袖努尔哈赤建后金。1636 年皇太极改国号为清，改女真族为满族。1644 年顺治入关，定都北京，逐渐统一全国。清代凡 267 年。

清代与元代，都是少数民族入主中原，比较而言，清代帝王更加重视文化，而且汉化程度相当之高。清代帝王个个勤政，与晚明帝王的怠工，形成鲜明的对比。清代赏石从宫廷与民间，两个方面共同发展，形成新的风格。

皇家的赏石文化

满清入主中国，经过顺治及康熙朝前期的经营，政权基本稳定，经济开始繁荣，朝庭对汉民族的文化非常重视，对赏石艺术的欣赏与收藏，也迅速发展起来。

（一）大清国宝松花砚石

中国文人砚始于唐武德（唐高祖年号）年间，经宋代文人的发扬光大，端、歙、洮、红丝四大名砚始定。这些名砚都具有软硬适中、滑不拒墨、涩不滞笔、温润细腻的特点。帝王推崇某一种特定砚石，在中国文化史上只有两例：一个是南唐后主李煜为歙砚所做的贡献；另一个就是大清康、雍、乾三代皇帝，将松花石拔濯为御用砚石，并使之成为中国文人名砚。

东北长白山是清代帝王的龙兴之地，松花石原为驻军士兵的磨刀砺石。康熙三十年（1691），康熙帝玄烨命内务府造办处，在武英殿设松花石砚作，专司松花石的开采、运输、设计、制砚。康熙四十二年（1704）起，为了便于督导，将松花石砚作，由武英殿造办处改归养心殿造办处。雍正朝增召琢砚名匠入宫，将松花石砚作由一作变为二作，进一步增加了松花石的产量。乾隆三十五年（1771），乾隆帝弘历亲自主持，并命大学士于敏中编纂了《西清砚谱》，将 6

方康熙、雍正和自己御用松花石砚列为砚谱之首，并作序说："松花石出混同江边砥石山，绿色光润细腻，品埒端歙。"将松花石砚誉为大清国宝。

御制松花石砚除供皇帝、皇族使用外，主要是恩赐功臣，藉以达笼络、统御之功。蒙赐松花石砚的大臣，皆"稽拜之下，感激殊恩，遂珍而藏之，以为子孙之宝"。大清御制松花石砚，现在主要收藏在北京故宫博物院、台北故宫博物院、日本博物馆，以及民间流存。近年来，松花石砚不但焕发出勃勃生机，松花石也做为新的赏石品种出现。它那展现山川神秀的形态、丰富的色彩、温润细腻的质地，无不向人展示着无穷的魅力。

(二)清代极盛时期的御苑赏石

乾隆皇帝作为盛世之君，有着很高的汉文化素养，尤好山水。他在《静宜园记》中说："山水之乐，不能忘于怀。"乾隆帝先后六次巡视江南，足迹遍及江南园林精华荟萃的各地，凡有喜爱的园林，均命随行画师摹绘粉本，携图以归，做为皇家园林建设的参考。一些重要的的建园、扩园，乾隆帝都要参与规划，表现出行家的才华。乾隆主持修建的园林，包括大内御苑、行宫御苑、离宫御苑。根据乾隆前三十年的统计，新建、扩建主要的大小皇家园林十几处，面积达上千公顷之多，代表着中园古典园林发展史上的一个高峰。

皇家园林中，汇集了各地的优秀奇石。清代御苑除传承了明代遗石，又从全国各地搜集了很多名石。乾隆南巡也很经意奇石。根据《养吉斋丛录》记载：杭州南宋德寿宫遗址，有恭帝赵昱咸淳年间遗留"芙蓉石"立峰一座，高丈许，具玲珑刻削之致。乾隆南巡，"尝拂试是石，大吏遂辇送京师"，置圆明园朗润斋，改名"青莲朵"（见图1）。民国时移至中山公园。又据《履园丛话》记载："扬州九峰园奇石玲珑，其最高者有九，故以名园，相传皆海岳庵（米芾故居）旧物也。高宗（乾隆庙号）南巡见之，选二石入御苑。"以上二石，皆为两宋所遗旧太湖石。乾隆还在北京西山大量采集"北太湖石"。其中最著名的就是米万钟遗石"青芝岫"（见图2）和"青云片"（见图3）。此二石俱为产于北京房山的"北太湖石"，万历末年，米氏欲运往勺园，因官场变化，存于良乡。清代被乾隆发现，分别运往颐和园和圆明园。今"青芝岫"仍在颐和园乐寿堂前，"青云片"已于民国时与"青莲朵"一同安置在中山公园。

图1 "青莲朵" 清代 太湖石 藏于中山公园

图2 "青芝岫" 清代 房山石 藏于颐和园

皇家园林置石，除太湖石外，尚有灵璧石、英石、昆石、钟乳石、珊瑚石、木化石、石笋石等品种。除造形石外，还有纹理石、画面石等类别。御苑赏石经过晚清、民国多次战乱毁坏、丢失，至今尚有百余尊幸存，供人凭吊与欣赏。

图3 "青云片" 清代 房山石 藏于中山公园

(三)清代皇家的文房赏石

清代文房清玩的审美理念、制作技艺更臻完善。康、雍、乾三期帝王皆具学养、雅好艺术，使文房清玩成为造办处制做的最大宗物件。同时皇帝也视文房清玩为治世教化的工具，将清代文房的鉴赏与收藏推向顶峰。

乾隆四十三年（1778），高宗命大学士于敏中等人，精选内务府所藏诸砚，编为《西清砚谱》。砚谱所著录砚石，正谱为200方、附录为40方，总计共收录砚石240方，包括各种文人石砚。1997年，台北故宫博物院将本院珍藏，原《西清砚谱》中所列石砚中的95方悉数取出，举办了《西清砚谱古砚特展》，使人一览古砚风采（参见图 4、图 5、图 6）。

由于康乾盛世的推动，文人印石也呈现出繁荣与辉煌的景象。清代昌化鸡血石被皇家封为“印后”，名声大噪。现藏北京故宫博物院的“乾隆宸翰”皇印，通高 15.2cm，面阔 8.5cm 见方，有红、黑、黄、白、青等多色，施以俏雕，精巧绝伦。清嘉庆帝“惟几惟康”宝玺，选用色为栗黄、温润亮丽、鸡血如丝如缕的方形昌化石，通高 14cm，面方 7.1cm。这两方皇印，曾于 2004 年回到昌化石产地，浙江临安展出，一时昌化鸡血石家乡的人们争睹宝玺，盛况空前。

清代康乾盛世，福州寿山的田黄石被尊为“石帝”，用于帝王玺印，受到青睐，原因大致有三：一是有福（州）寿（山）田（黄）丰的吉祥寓意；二是纯正的黄色与皇权象征的明黄正色相合；三是温润佳质，无根而璞，稀有珍贵。晚清末代皇帝溥仪，曾献出的“田黄三链章”，就是乾隆御宝，现存北京故宫博物院。

清代帝王收藏的文房石玩中，小型奇石、砚山、山子、砚屏、笔洗、墨床、镇纸等不计其数，对推动清代文房石的鉴赏与收藏，起到难以估量的作用，影响慧及后世。

民间的赏石文化

民间的赏石文化至清代呈现丰富多彩、繁荣昌盛的景象。文人赏石与皇家赏石交相辉映，形成古典赏石最后的高峰与风彩，留下了标新立异的赏石形态。

（一）园林赏石

清代的江南园林，以扬州、苏州最为繁盛。清代中期，苏州园林已成领先之势，其中“留园”奇石，常为人们津津乐道。“留园”原为明代“东园”废址，乾隆五十九年（1794）归吴人刘恕，改名“寒碧庄”。刘恕中年退隐，唯好花石，

图 4 乾隆秋景写字像

图 5 乾隆御用砚石

图 6 乾隆御用印章石

收集太湖石十二峰置于园内。刘恕在《石林小院说》中写道:“余于石深有取,……虽然石能侈我之观,亦能惕我之心。”将赏石审美与个人修养结合起来。同治十二年(1873),官僚盛康购得该园,更名“留园”。留园有着丰富的石景,其中“冠云峰”(见图7)为苏州最大的特置峰石,峰高6.5m,确为群峰之冠。相传为北宋“花石纲”遗物,明代疏浚大运河时打

图 7 冠云峰

捞出水的峰石。“冠云峰”两边又有“瑞云”(见图8、图9)、“岫云”(见图10)两峰相配,形成江南园林中著名的奇峰

图 8 瑞云峰(前)

图 9 瑞云峰(后)

图 10 岫云峰

精典。

“瑞云峰”、“玉玲珑”(见图11)、“皱云峰”(见图12)被誉为江南三大名石。

“瑞云峰”是洞庭西山正宗太湖石,高5m有余,为“透”之典型。乾隆四十四年(1779)由东园(今留园)移至苏州织造府(今苏州十中)内,为江苏省重点保护文物。现在留园的“瑞云峰”是留园主人盛康后补峰石。“玉玲珑”也是太湖石,高3m,为“漏”之典型。现存上海豫园。“皱云峰”是英德石,高2.6m,

图 11 玉玲珑

图 12 皱云峰

为“皱”之典型,现存杭州江南石苑。

北京是北方私家园林精华荟萃之地,至清中期尤盛,其中“半亩园”,就是园林置石的典范。“半亩园”始建于康熙年间,是贾膠侯的宅园,为李渔所建,所叠石山为京城之冠。道光年间由官僚麟庆购得,又增奇石甚众。据麟庆撰写《鸿雪因缘图记》载:“园中所存,尚康

熙间物。余命崇实(麟庆长子)添觅佳石，购得一虎双笋，颇具形似，终鲜皱、瘦、透之品。乃集旧存灵璧、英德、太湖、锦州诸盆玩，并滇黔硃砂、水银、铜、铅、各矿石，罗列一轩，而嵌窗几。”半亩园中不但有叠山、置石，还辟有奇石陈列轩。

(二) 文房赏石

清代文房赏石，仍沿袭明人精巧的风格，但因资源的涸竭，新石种时有补充，赏玩方法多样，传承石更加珍贵。清代徐珂《清稗类钞》记载:“皖之灵璧山产石，色黑黝如墨，扣之，泠然有声，可作乐器，或雕琢双鱼状，悬以紫檀架，置案头，足与端砚、唐碑同供清玩。海内士夫家每搜之，然佳料不多观，大率不逾尺也。”灵璧石玩赏方法出新。《清稗类钞》记:“颜介子所见之英德砚山则上有白脉，作‘高山月小’四字，炳然分明。其脉直透石背，尚依稀似字之反面，但模糊散漫，不具点画波磔耳。谛视之，非雕非嵌，亦非渲染，真天成也。”这是罕见的英德文字石。清吴绮说:“英石出韶州府英德县，峰纹耸秀，扣之有金玉声为佳，而其要有三，曰皱漏瘦，皱谓纹理波折，漏谓洞壑玲珑，瘦谓峰峦秀峭，备此三者，方见砚山全德矣。”传统赏石影响犹存。

清代谢堃《金玉琐碎》说:“在长沙刘子厚家有五座笔山，分五色，黄色者

图 13 清代 灵璧石 藏于西苑

卡什楞也，青色者青精石也，黑色者黑晶也，红色者玛瑙也，白色者羊脂玉也。彩色斑斓，亦堪雅玩。”清代玩石的色彩丰富起来。

清代广东屈大均《广东新语》记:“岭南产腊石，从化、清远、永安、恩平诸溪间多有之。予尝朔增江而上，直至龙门，一路水清沙白，乍浅乍深。所生腊石，大小方圆，裸砾多在水底，色大黄嫩者如琥珀。其玲珑穿穴者，小菖蒲喜待根其中。以其色黄属土，而肌体脂凝多生气，比英石瘦削崭岩多杀气者有间也。予尝

图 14 清代 木变石 藏于紫禁城

得大小数枚为几席之玩。”《金玉琐碎》中记载:“余在广东见腊石，价与玉等及。”清代腊石为新品种，赏玩和鉴评方法与现在相似，价值不菲。

清代的赏石著作

清代虽然没有《云林石谱》、《素园石谱》那样的宏篇钜作，却不乏新颖别致、真知灼见的赏石新篇，赏石理念更加丰富多彩。

(一) 梁九图的《谈石》

梁九图为清早期文人，生于广东，钟情腊石。他在《谈石》中说:“凡藏石之家，多喜太湖石、英德石，余则最喜腊石。腊揖逊太湖、英德之钜，而盛以磁盘，位诸琴案，觉风亭水榭，为之改观。……腊石最贵者色，色重纯黄，否则无当也。”梁九图收藏的 12 枚腊石各具形态，峰峦、瀑布、峭壁、溪涧、悬岩、陂塘等山水景观俱全，欣赏时湖光山色尽在眼前，是人生最大乐趣，其他世俗之事不足道也。

屈大均在《广东新语》中讲:腊石一要“色大黄嫩”;二要“玲珑穿穴”;三要“肌体脂腻”。又说:“腊石以黄润如玉而有岩穴峰峦者为贵。”与梁九图说法如出一辙。可见清代鉴石，因石而异，对黄腊石的形、质、色要求很高。

梁九图在《谈石》中说:“藏石先贵选石，其石无天然画意的不中选。”这就是我们现在鉴石中所说的意韵。梁九图对养石之水质非常重视。他在《谈石》中说:“浇必用山涧极清之水，如汲井而近城市者，则渐起白斑，唯雨水亦差堪用。”这是养石研究的心得体会。梁九图在谈到赏石陈列时说:“位置失法，无以美观。……檀趺所置于净几明窗，水盘所储贵傍以迴栏曲槛。”台座石与水盘石要与环境搭配得当，才能尽展赏

图 15 清代 灵璧石 藏于紫禁城

石之美。梁九图的赏石法，确有超越前人之处，自然也有启发来者之功。

(二) 高兆的《观石录》和毛奇龄的《后观石录》

图 16 清代 太湖石 藏于紫禁城

寿山石品种繁杂。最早提出寿山石分类法的人，是清代学者高兆和毛奇龄。

高兆，福建侯官县人。康熙六年（1667）高兆回乡，写出我国历史上第一部寿山石专著《观石录》。其中提出："石有水坑、山坑。水坑悬绠下凿，质润姿温；山坑发之山蹊，姿闇然，质微坚，往往有沙隐肤里，手摩挲则见。水坑上品，明泽如脂，衣缨拂之有痕。"这是最早的以坑分类。

毛奇龄，浙江萧山人。康熙二十六年（1687），他客居福州开元寺，写出继《观石录》之后的第二部寿山石专著《后观石录》。书中进一步提出："以田坑第一，水坑次之，山坑又次之"的观点。后人将这种分类方法称为"三坑分类法"，为海内外鉴赏收藏家普遍认同，成为寿山石划分标准，影响深远。

图 17 清代 玉石 藏于紫禁城

（三）李渔的《闲情偶寄》与赏石

李渔（1611~1680），号笠翁，生于如皋（南通），为明清之际的奇才。他的《闲情偶寄》是一部生活美学和养生行乐的宝典，其中赏石审美，不乏真知灼见，成传世之作。

《闲情偶寄·小山》中论道："言山石之美者，俱在透、漏、瘦三字。此通于彼，彼通于此，若有道路可行，所谓透也；石上有眼，四面玲珑，所谓漏也；壁立当空，孤峙无依，所谓瘦也。瘦小之山，全要顶宽麓窄，根脚一大，虽有美状，不足观矣。"这里论及为传统赏石之审美。

图 18 清代 灵璧石 藏于紫禁城

《闲情偶寄．零星小石》中又有新论："贫士之家，有好石之心而无其力者，不必定作假山。一卷（石）特立，安置有情，时时坐卧其旁，即可慰泉石膏肓之癖。王子猷劝人种竹，予复劝人立石，有此君不可无此丈。同一不急之务，而好为是谆谆者，以人一生，他病可有，俗不可有。得此二物，便可当医，与施药饵济人，同一婆心之自发也。"李渔劝人赏石，如同治病救人，为免俗的良药。

（四）郑板桥的赏石论述

郑板桥（1693~1765），题画文："米元章论石，曰瘦、曰皱、曰漏、曰透，可谓尽石之妙矣。东坡又曰：'石又而丑'。一丑字则石之千态万状皆从此出。彼元章但知好之为好，而不知陋劣中有至好也，东坡胸次，其造化之炉冶乎！燮画此石，丑石也，丑而雄，丑而秀。"板桥这段精彩的题画文，似乎在谈及画石法，又像是对前人鉴石法的总结，亦或是论及文人之特立独行的风骨。不断被后人引用、论及的这段文字，有着丰富的内容和无穷的魅力。

图 19 清代 奇石 藏于紫禁城

清代赏石的发展

清代艺术风尚奢华，追求繁复的装饰、亮丽的色彩。而清代赏石的形态，也深受影响，表现特征为：

一是新石种不断发现并成为收藏新宠；

二是石头的质地、色彩的要求越来越重要；

三是文房传统石更加小巧，传承古石更加珍贵；

四是赏石雕琢与修治普遍，文房石质艺术品增多；

五是赏石大多配有底座，结构变得复杂，雕饰愈加繁复。

【连载七，未完待续】

奇石成长的五阶段 The Five Stages of Scholar's Rocks' Growth

文: 方伟 Author: Fang Wei

奇石是大自然馈赠给人类的珍贵礼物，奇石是天人合一的天然石质艺术品。 奇石虽然不是生命体，但它却具有类似生命体一般的成长变化规律，具有孕育期、幼年期、青年期、中年期和老年期的成长经历，只是我们人类的生命短暂，无法观察到它的全过程而已。从母岩形成-胚石产生-流体塑形-水化靓肤-碎解消亡，构成了奇石成长周期的一个完整序列。

第一阶段: 孕育期——母岩形成阶段

奇石的母岩范畴广泛，绝大多数属于岩石。岩石是组成我们地球家园的主要物质，它是因地质作用按照特定的自然规律组合而成的矿物集合体。

按照成因差异，岩石可分为岩浆岩、沉积岩和变质岩三类。岩浆岩是地下岩浆冷凝而成的岩石; 地表风化后的岩石碎屑重新自然固结而成的岩石称为沉积岩; 沉积岩和岩浆岩在地球内应力如温度、压力的作用下，所形成的新的岩石为变质岩。

原则上讲，各类岩石都有可能形成奇石。各类不同的岩石因其形成时的矿物组成、结构构造的不同，以及所经历的地质内应力的差异，就造成了岩石质地上的差异。

当地壳抬升，岩石进入地表风化层后，会遭受漫长地质岁月的风化侵蚀，接受风化侵蚀的岩石是可能形成奇石的母岩。母岩特性和风化等地质作用是奇石形成的内外因。

岩石是奇石形成的主要物质载体，不同类型的母岩具有不同的成因、成分和特性。母岩所具有的基因特性，孕育奇石形成的内因。

第二阶段: 幼年期——胚石产生阶段

胚石产生阶段，又称母岩解离阶段。是指近地表的岩石因温差变化等物理风化原因，碎裂成小块并相继脱离母岩的阶段。如北方地区雪域高原或浩瀚荒漠的岩体被碎解成棱角分明、大小混杂的碎石堆 (见图 1); 南方地区因温差及生物机械风化作用使得岩石碎裂、分解，残积坡积在母岩附近。

该阶段通常以岩石遭受强烈的物理风化为主要特征，并产生岩石碎块，即胚石，这是奇石形成的初始阶段。胚石多大小混杂，棱角分明、原岩色、纹

图 1

图 2

图 3

滚移的过程中，促使其形态不断发生变化的阶段。

该阶段流体对胚石的作用会有两种方式：一种是原地冲蚀；另一种是异地滚运磨蚀。但无论何种方式，在流体以及流体介质（水沙、风沙）的作用下，

特征明显，石肤生涩，光泽暗淡（多土面光泽），无实际观赏价值，是未经大自然雕琢的石料，但它为奇石的形成提供了物质基础（见图 2、图 3）。

母岩解离，犹如生命体的分娩，茫茫胚石的产生，只预示奇石产生的可能，但能否成为奇石，尚需要一定的机缘，一定的环境和风化条件。

第三阶段：青年期——流体塑形阶段

当胚石落入水流中，或处于风蚀环境下，就有幸进入到了奇石成长的下一个流程——流体塑形阶段（见图 4、图 5）。流体塑形阶段是胚石在水、风、冰川等自然界流体力的冲刷、磨蚀、搬运、

图 4

图 5

胚石的形态在缓慢持续地发生变化：棱角逐渐磨平，轮廓线变得圆顺，体量不断缩小，石肤越发光润，光泽渐渐增强（土面—陶面光泽），期间已有一定数量的奇石产生（见图 6）。

滚运型的奇石质地多坚硬均匀，裂隙层理不发育，滚运距离越远，其外形越趋于圆浑，图纹石的色彩、图案和纹理母岩特征明显。

原地冲蚀型的奇石体量相对偏大，次棱角变为次圆状，具明显的接地面，母岩色彩、纹理特征显著。

流体塑形阶段是胚石改形和奇石的产生阶段。

自然的侵蚀、流体的磨砺是奇石赖以成形的机缘经历，也是奇石成长的必由涅槃之路。

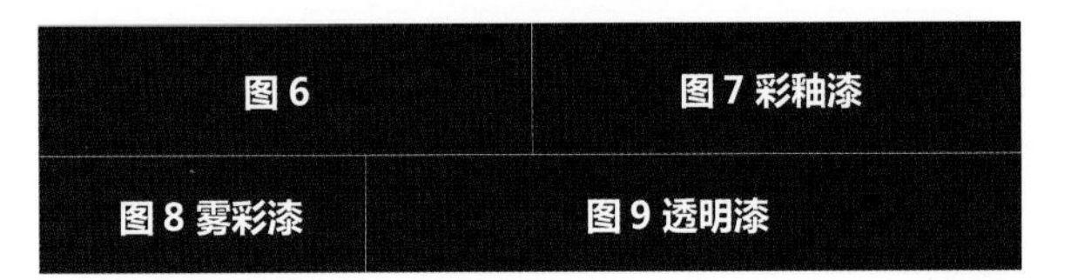

图6 图7 彩釉漆

图8 雾彩漆 图9 透明漆

第四阶段：中年期——水化靓肤阶段

水化靓肤阶段是奇石石肤与水或氧气等发生化学风化作用的阶段。包括水解作用、水化作用和氧化作用等，这一阶段通常与流体塑形共同作用，相依相随。

石肤是奇石重要的物质构成部分，它承载着奇石的色彩、光泽、图纹等诸多意蕴表达要素。水化靓肤阶段就是奇石石肤的不断完善并趋于完美的阶段，也是奇石成长趋于成熟的阶段，多数高品质的奇石都形成于该阶段。

水化靓肤阶段形成的主要地质作用是化学风化作用，“风化漆”是水化靓肤阶段中的主要标志，经历该阶段的奇石普遍具有“风化漆”，只是浓淡、多少和艳丽与否的差异而已。“风化漆”可分为釉彩漆、雾彩漆和透明漆数种。

釉彩漆，质感如陶瓷表面上的釉彩一样，色彩绚美、光泽亮丽（玻面—釉面光泽）、华润的肤质，犹如七彩盛装披在奇石身上一样，靓丽夺目。釉彩漆形成环境独特少见，如广西大化石、内蒙古荒漠漆石（见图7）；

雾彩漆，指奇石表面有一层如雾似纱般的带色薄膜，透明或半透明，釉面-陶面光泽，均匀整体分布，如黄河石(见图8)；

透明漆，石肤呈现出母岩的色、质、纹特征，局部或少见风化漆，陶面-釉面光泽，并且色调浅淡，好像没有风化漆一样，如新疆风凌石、雨花石、乌江石等（见图9）。

风化漆的颜色以红、褐、黄、灰、黑最为常见，多为铁、锰、钙质的氧化色，铁质荒漠漆呈黄色或褐红色，锰质荒漠漆呈黑色，铁锰质荒漠漆呈浓淡不一的褐色或棕色。

水的化学风化作用是大多河卵石图纹的重要成因，同时也是"水流漆"的主要成因。大化石、黄河石、长岛卵石就是典型的水化润肤阶段的产物。

在西北干旱地区，水的化学风化作用也可形成独特的"荒漠漆"。"荒漠漆"俗称"沙漠漆"，"荒漠漆"是戈壁石综合鉴评中的重要内容。

奇石乃天造地蕴的自然瑰宝，仅有磨砺是不够的，奇石的成熟还有赖于更加复杂、全面的经历和良好的基因内质。水化润肤阶段使得奇石的外观表达元素趋于丰满，趋于全面，趋于成熟。

成熟不等于成功，圆熟不等于圆满。天公造物，无意赋形，奇石是平凡岩石中的不凡，自然成因中的偶然，往往只有个别石品能够达到圆满的境界，即象、韵、意和谐统一的圆满境界。

第五阶段：老年期——碎解消亡阶段

随着时间的推移，风化作用的持续，奇石逐渐步入老年期，昔日英姿飒爽的形貌逐渐被沧桑的岁月湮没，破裂、碎解、再破裂……直到化为沙粒尘土。海洋和沙漠分别是水石和戈壁石的最终归宿地，等待它们的是新的岩石轮回的开始。

碎解消亡阶段的早期常会出现一些小精品，虽体量偏小，但其他要素更显成熟、圆融、老辣，在奇石资源日渐枯竭的今天，许多藏家都青睐于小品石的收藏（见图10）。

碎解消亡阶段是奇石在风化作用下的最后阶段，也是奇石成长历程的必由阶段。

绚烂之极归于平淡，规律是永恒的，时间将证明一切，之后必定又是一个新的石界轮回。

奇石成长五阶段的模式，是从地质学的科学规律以及人文观照角度模拟建立的，实际上各类奇石的成因受母岩特性、地理环境、流体特性及风化时间长短等多元因素控制，其经历并非都是统一或完整的序列路径，而往往是复杂多元、多元叠加或复杂叠加的结果。当然，完整、复杂而多元的序列经历，会使石种的特质更趋全面，更易多出精品。

图10 "祥云"

可曾闲来倚青藤

Had a Rest and Againsted Green Vine?

文：张素荣 Author: Zhang Surong

记得在刚喜欢石头不久，随几位同好到宜宾淘石。第一次参观王毅高老师的家庭石馆，琳琅满目的精美石品给我的震撼自不必说，有枚刚被王老师淘回，还未上座的人物小品石（如图）也同样深深地吸引了我。

此石石形圆润、画面简洁，灰白色石底上棕褐色图案勾勒出的女性形象，好似坐在一藤蔓编织的秋千上，神情悠然自得。就在和"她"对视的一瞬间，我心中的某根神经被轻轻地触动了，难以释怀，便请王老师割爱。回来后百思未得一个满意的命名，遂又向王老师请教，王老师赐名："闲倚青藤"。

"闲倚青藤"真是画龙点睛，把画面主人翁的那份闲适、那份宁静、那份洒脱表达得淋漓尽致。于是给"她"配了底座，置于案头，每日观赏，有诸多感悟，今天在这里与大家分享。

闲来倚青藤是一种人生态度

"沅湘日夜东流去，不为愁人住少时！"

岁月之河，不舍昼夜。岂止"不为愁人住少时"也不会为快乐的人停留脚步。

在物质文明飞速发展的今天，纵然我们希望生命能如神话中的那朵莲花一样，开得纯净、恬然，但身处俗世，被滚滚红尘的激流裹挟着不由自主地"随波逐流"，要想"不受尘埃半点侵"，确属不易。当我们厌倦了城市的喧嚣，当我们被生活琐事纠结得疲惫不堪，多么希望岸边能有一根纤绳，系住生命的那叶小舟，在青山碧波间停泊片刻；又是多么地渴望路旁能有一丛青翠的藤蔓，葳蕤出一抹青荫，让我们斜倚小憩，回望来路的酸甜苦辣，欣赏沿途的景致风光，让清风吹拂心灵，让思想自由飞翔。

静默无言的雅石，对我来说，就是人生旅途中的那丛青藤，是闲暇时心灵可以饕餮的精神食粮。

身为职场女性，理应兢兢业业做好分内的工作，唱高调易落俗套，但至少应扪心无愧于那份"俸钱"；为人子女，理应在父母面前尽好孝道，毕竟"子欲养而亲不待"是让人痛彻心扉的遗憾；为人妻母，理应"相夫教子"，周而复始做好家务"琐事"。

这一个个"理应"，让女石友徒增多少"无奈"——"无奈"地谢却几多盛情邀请，"无奈"地错过了几多美石盛筵！

但只要我们能妥善处理工作、家庭、爱好三者之间的关系，合理安排闲暇时间，以平常、平和的心态赏石，雅石就如同"调味品"一样，不仅能将我们的生活调剂得有滋有味、丰富多彩，还能使我们在长期与雅石的交流中潜移默化，受到熏陶，练就旷逸豁达的人生态度。

“闲倚青藤”

闲来倚青藤是一种人生雅趣

闲来倚青藤，在属于自己的闲暇时光，面对藏石，心驰古今，神游八荒！

驻足于一枚枚山水石前，仿佛置身于美丽的大自然，听泉水丁冬，看山岚袅袅，或领略山势的雄伟，或陶醉群峰的俊秀。

凝神于石上的梅、兰、竹、菊，扑面而来的是梅之冰清玉洁;兰之清雅脱俗;竹之虚怀刚正;菊之冷艳凌霜。在体味中纯洁自己的品格与情操。

徜徉于一枚枚人物奇石演绎的情节中，回味历史的沧海桑田，我在为他们的命运和故事喝彩、喟叹的同时，看淡人生的坎坷与荣辱。

从石上的花鸟鱼虫、山川草木以及流动的线条、飘逸的色块中，欣赏大自然的神奇与美丽……

如能像这枚石之画面的主人翁，“偷”来半日闲暇，或坐于葡萄架下青藤之侧，泡一杯素茗，面对一方雅石，细品慢阅，顿感在精神上远离了尘世的喧嚣，在方寸间享受游览名山大川的雅趣。

闲来倚青藤是一种人生境界

论语云:“子绝四——毋意、毋必、毋固、毋我。”也就是说，孔子杜绝了四种弊病:没有主观臆断;没有必然的期待;没有固执己见之举;没有自我之心(即浑然忘我)。道家主张“清净无为”、“道法自然”。这就要求我们在赏石活动中尊重自然、顺应自然、亲近自然、回归自然。闲来倚青藤不正是这些理念的体现吗?

多年前，读过一则有关禅宗的故事，大意是讲一位禅师向一位高僧求教修道方法，高僧说:“饿时食，疲时睡。”禅师不解地问，这是常人都做得到的，难道他们的方式和你有什么不一样吗?高僧说，“不一样。他们吃饭时，不安心，有种种思量;他们睡觉时，不安稳，有千般妄想……”这则故事蕴涵了简单而深刻的哲理:只有让心灵和自然融为一体，用心感受生命，才能领悟人生的真谛。

无论是把奇石作为产业、事业，抑或只是作为一种丰富生活内容的兴趣雅好，在赏石活动中，只要能摆脱“种种思量”与“千般妄想”的束缚，就不难达到“无心求之而自成,无欲逐之而自现”的理想境界。

闲来倚青藤是一种心态，是一种雅趣，是一种境界，更是一种向往。以闲来倚青藤的心态赏石，着重一个“闲”字，忘却俗世的喜怒哀乐，摒弃名利的纠缠羁绊。让自己在虚静、恬淡中与石对话，让心灵与石意相融;徜徉在雅石营造的意境里，陶醉在自己美妙的想象中。如同在日影衔山的傍晚或是细雨淅沥的午后，我们手捧一杯清茶，全神贯注的品味到茶之馨香的同时，也得到了心旷神怡的精神享受。

且把风浪住——长岛球石

Hold the Rough Weather——ChangDao Ballstone

文：姜鸿 Author: Jiang Hong

长岛，历称庙岛群岛，又称长山列岛，由三十二座大小岛屿组成，横亘在黄、渤海之间，连东北要道，扼京津门户，素有“海上仙山”、“海中花园”之称。深深浅浅的岛屿海岸线上，海滩卵石如珠如玑般的串联着陆与海。任凭海的磨砺与抚慰，出落得晶莹圆润、风华卓然。

长岛球石即海滩卵石，当地俗称“雉鸠蛋”、“钢石蛋”。1979年叶剑英委员长视察长岛时写下了“昂价石球生异彩”的诗句后，当地赏石界便借用伟人诗句将产地加特征将其命名为长岛球石。主要产于长岛县南菜园湾、月牙湾及大钦、小钦、南隍等地。其中月牙湾位于北长山岛的北端，海滩上由大小卵石堆积成一条长2000多米，宽逾50米的彩色石带，一个个圆润如玉，晶莹剔透，月牙湾的五彩卵石俗称球石。

长岛球石的形成

长岛球石是在长岛这一特殊的地质、地况、自然环境中形成的，是“火母水父”共同孕育的骄子。其形成大致经历了与大地母体共生和独立成形两个阶段。

第一阶段：成岩着色阶段。大约在距今8亿年前的元古代，强烈的地壳运动，使这一带原为陆地的地貌不断下沉，沦为大海。而在海底堆积的数百至数千米的巨厚泥砂层经压实、脱水、固结等成岩作用，大多变成砂岩，少量变成页岩、石灰岩。在大地母体早期形成时的高温高压状态下，砂岩变质成石英岩，页岩变质为板岩，石灰岩变质为大理岩。在砂岩变质为石英岩的过程中，因构石主要成分的二氧化硅所含杂质的不同，岩体自身具备了相当均匀的银白、淡黄、浅绿、浅灰、微红等不同的底色。同时地壳深处富含铜、铁、锰、钛、绿泥石等矿物元素的地下热液，沿着成岩时出现的各种形态及粗细不等的裂缝、岩脉穿插浸入，经冷凝、固结形成了具各种色彩的矿物填充带、浸染斑块和浸染层。铁因氧化程度不同而形成黄褐、黄棕、深赭、砖红色；锰形成灰、黑色；铜形成深红、天蓝、深绿色；绿泥石形成绿色；钛形成银白色等。

第二阶段：脱离母体磨砺成球阶段。脱离母体有两种形式，一是在一亿年左右造山运动过程中，大地母体挤压、扭曲、破碎，使一部分岩石脱离母体，变成小碎块。这种经地壳变动而产生的球石原料称为“原始原料石”；另一种是从裸露在海面上的崖、壁、礁、柱经风吹浪蚀、雷电轰击破碎后分离出来的，称为“新生原料石”。磨砺成球石有一个漫长的过程，在远海深处的原始原料石，要靠大海的内驱力将其推到近海，在此过程中，因滚动磨擦、石石相撞，原料石得到了“粗加工”；到达近海后，在巨浪、潮汐、旋涡暗流的作用下，海水搅起泥沙石块，使它们相互摩擦碰撞，年复一年，石块被磨掉了棱角，磨平了表层，磨圆了体态，磨出了千姿百媚的奇石。

长岛球石的特点

长岛球石属水石，多以平面图案赏玩。结构细腻，表面光洁润泽，形状大多为椭圆或扁圆，如卵如珠。色泽绚丽多彩，红似玛瑙，绿如翡翠，紫同雕檀，洁如白玉；花纹精美，图案丰富。山水风景，人形兽貌，花鸟鱼虫，自然之物一应涵括；浓淡墨色、丹青写意、油笔赋彩，人工精艺，皆有呈现。以圆度高，石表润滑，色彩清丽，意境奇远者为佳品。

形圆：是长岛球石的一大特点。球体圆润顺滑，光洁和美，有圆滚、椭圆、扁圆，形体丰满，厚重，其他卵石难于媲美。

意美：长岛球石彩图居多，对比强烈，图案清晰，意境美妙，形象逼真，神韵生动，或动物，或人物，或山水景观，动静相关、浓淡相宜、明暗和谐、远近呼应，镏金赋彩、水墨酣畅。尽显上天之神工、造化之奇妙。那真是“初观莫测，久视妳珍，虽已鉴藏而心追目极，情尤眷眷”。

质佳：长岛球石为隐晶质石英岩，结构细腻，硬度极高。二氧化硅含量99.5%，硬度为莫氏6.5~7，在−273.13℃不变形，在2000℃高温不溶化，石体少裂纹，少杂质。“石肤油亮艳丽，天然抛光，手感极佳”。

色丰：长岛球石色艳彩丰，底色以乳白、浅灰、淡黄、微绿居多，缀色有红、褐、紫、赭、黑、蓝，或浓或淡，或单或复，赋彩得当，变化无穷。墨之五色，浓淡相宜，白底衬红纹、黄底洒蓝点、浅褐着丹青。美术大师也只能望色兴叹。如有色彩与画面之物自然色相同的巧色，则更让人感到惊奇。

长岛球石的赏玩

长岛球石作为画面石的一种，与其它卵石类画面石相比，有它自己的一些赏玩特点。

一、一石多图、内涵丰富。

长岛球石形圆且规格标准，大小适中，可以旋转多角度赏玩，加之色彩的巧妙变化，往往形成多个精美的图案，给人以更大的赏玩空间。

二、涂蜡显像、独具特色。

当地石友在多年的赏玩中发现，水洗显像（放在水中或抹洗）赏玩不方便，由于韧度好和硬度高，结构细腻，涂蜡显像能保持球石的原色原貌，也是最佳的赏玩方式。

三、大小适中、便于赏玩。

长岛球石大多长5~30cm，重量约1~10kg，最适宜放在案几上欣赏，或拿在手中把玩。15cm左右精品居多，更适合中老年及女性石友赏玩收藏。

四、底色反转、一图多看。

有许多长岛球石不但可以看白底彩图，还可以底色反转看彩底白图，形成一个图案可以看几个画面，很是美妙。

长岛球石的品赏史

长岛球石，自古以来赏石大家多有赞誉。早在宋代，大书法家、赏石家苏

东坡在《北海十二石记》中赞誉长岛球石“五彩斑斓，或作金文”。杜绾的《云林石谱》有“登州下临大海……又多美石，紫翠巉岩，极多秀美，五色斑斓”的记录。明朝时，林有麟的《素园石谱》、清人沈心所著《怪石录》对长岛球石也有专门的记载和论述。1979年秋，叶剑英元帅在长岛视察期间也见石生情，吟诵出了“昂价石球生异彩”的诗句。1986年时任中国收藏家协会会长的史树青先生和大书法家启功先生来长岛游览分别留下了“珠玑满斛喜收得，可有舟师放我还”、“仙境不须求物外，行人步步踏明珠”的感慨。在当代，很多赏石大家给长岛球石以很高的赞誉，来层林的《长岛明珠净心灵》称长岛球石“白、绿、红、黄、黑各色俱全，纹理变化多端，图案各异。石肤油亮艳丽，天然抛光，人见人爱”。游国权《芥子乾坤的魅力》赞其“长岛球石质优、韵雅、玉质冰肌、绚素兼融，其彩韵风骨，柔润协合，千变万化。绚者焕，素者纯，朴者雅，巧者卓，纹彩钟灵，形神兼聪……”当地的赏石名家沈荣民、王世志、刘文权、徐九胜、李伟盛、赵新伟等也都或著书立说、或奔走宣赞，使长岛球石藏于深闺有人知。

长岛球石的收藏及市场情况

由于质地坚硬，高温下不变形。20世纪50、60年代，长岛球石就作为工业添加料大量运用，期间作为赏玩的球石甚少。进入20世纪80年代，随着全国赏石、藏石之风兴起，长岛球石以其古老的文化底韵和独特的艺术魅力受到人们的广泛关注，先后涌现出了一大批长岛球石收藏者和研究者，长岛及周边地区先后成立了百余家家庭藏馆和专业研究机构，由此引发的各类展览、展销活动日益频繁，电视、报刊等媒体屡屡对长岛球石宣传报道，专业出版物也层出不穷，这些又极大地促进和推动了长岛球石收藏活动的发展。

长岛球石虽有不凡的观赏价值，但由于它产在大海深处，信息闭塞，交通不便等原因使它长期锁在深闺人未知。自1996年以后，长岛球石在各级石展上频频获奖，人们才惊异的发现有如此精美的球石，但由于是国防要塞区，外人不得随便进入等原因很难开发流传开来。随着国防要塞区的解除，当地石友才得以到产地采石，可见长岛球石出名早，开发却较晚。在开发的初期，当地石友吸取外地早期精品石外流的教训，为防止精品石的外流，他们自采自藏，只藏不销，所以精品球石大部分至今在当地石友和藏家手里。近几年长岛球石资源接近枯竭，当地政府为保护资源已禁止开采，但石友们都不急于推销自己的石头，精品石多在当地石友之间交流，在市场中很少见。

相对于大化石、彩陶石、风砺石等，长岛球石的知名度不是很高，外地石友了解不多，价格自然不高。长岛县石友多以家庭石馆的形式面向市场，因原产地优势和旅游的拉动，成交量及价格还很可观。蓬莱鼓楼文化街、海滨广场则聚集了近20家石馆，其中专营长岛球石半数以上。多属物美价廉。在赏石大家庭里，长岛球石是“小荷刚露尖尖角”。中央电视台“走遍中国”栏目播出长岛球石后，闻风而动的上海、广州、柳州、河北等地精明的大买家到产地淘宝，也有韩国、中国台湾等阜外石迷结伙来产地选购，球石市场开始预热，市场价格增长了一倍多。

长岛球石——风口浪尖的骄子，岁月的历练未见沧桑却以瑰丽和美地展示着其风韵和魅力。“我持此石归，袖中有东海”，“置于盆盎中，日与山海对”。苏子的境界也是赏藏者的。

且把风浪住，璀璨锁峥嵘。感谢球石，给了种绚烂之后的宁静与坦然。

（此文参考、载录了徐九胜老师的《大海的骄子——长岛球石》，在此深表谢意）

“神女峰”赏析

文：杨俊斌 Author: Yang Junbin

The Appreciation and Analysis of "Goddess Peak"

此方“神女峰”大理石画，于2001年制作，属大理石秋花类，产于大理苍山雪人峰，题款为大理那荣昌老师所作，现那老师已经作古。直径100cm，已属巨型大理石画，现在在大理地区已很难找了。

整幅画面和现实中的巫山神女峰基本吻合，又如菩萨现身云霄，如此的神来之笔，真是令人匪夷所思。只能惊叹于大自然的鬼斧神工。石画中人物身姿奕奕，形象生动，意境深远，乃大理石精品也！

菩萨岩前净满月，
神女峰上光明云。
吾人肺腑中流出，
诗句丹青无半分。
——宋·王灼

珍品典藏

编者按:

武林虎好集石，尤善奇石组合创作。他以苏轼赤壁怀古词意创作的大型奇石组合就别具新意，用12组的奇石，配以书画、盆栽表达了一个吟诵这豪放词章时跌宕起伏荡气回肠的动态过程，本刊特在珍品典藏板块中展示以飨读者。

江山如畫一
時多少豪傑

遙想公瑾當年

小喬初嫁了
雄姿英發

羽扇綸巾談笑間
檣櫓灰飛煙滅

故國神遊多情應
咲我早生華髮

人間如夢一樽還
酹江月

“悲鸿画意”

"The Sense of Beihong's Paintings

骏马凌空

文：余冉

观此石，画面中仅有一匹骏马凌空而起，横画而过，似乎即将破石而出，而此石意在画外，眼前虽只见一马，貌似形单影只，然一见此画面，耳边早已响起千军万马的轰鸣：匹匹俊马，奋鬃扬蹄，蹄下生烟，浩浩荡荡 。

论外形，此石上之马并非逼真，但是简单的几笔勾勒却形散而神聚。画马其实很容易，一笔一划认真描绘，便可惟妙惟肖，但是马的精神是抽象的，不是逼真的画面所能传递的。看画、品石除了用眼睛来看之外还需用耳来听、用鼻来嗅，更要用心灵去感知，当一幅画和我们的心灵产生共鸣和碰撞时，我们就得到了玩赏的乐趣。石头的画面有限，内容既定，然而穿越画面的局限，有着一个更广阔的自由空间，任凭想象风驰电掣在一片广袤的大地。这才是艺术的魅力，也是品石的真趣所在。

天马来仪

文：雷敬敷

碧海青天，天马凌空而降，飘然若仙。四蹄腾跃，若迅雷不及掩耳；一尾高举，挟飙风以至扬鞭。甫定自若，颔首低眉，如处子娇憨镜前；旋即自适，跪蹄俯身，状老者持重榻边。莫道悲鸿画意，悲鸿那得如此神篇？且喜长江石韵，长江竟有这般雅卷！况石形端庄，左右逢圆；石质细腻，表里澄鲜；石色清秀，浓淡缠绵；石纹飘逸，收放适恬。天马来仪，美哉斯言。

一马奔驰写沧桑

文：怡然居士

背景沉稳，浅黄肌理，突现奔马图像。其马具像，稍有夸张，马首精神，尾鬃张扬，四蹄跃起，膘肥体壮。有天马行空之气势！让人喜爱尤佳！

我曾驰骋沙场，也曾信马由缰。
典籍里多少春秋更迭，故事中多少江海流觞。

上下五千年社稷，若干个朝代风光。
农民揭杆、皇帝巡江；
中原逐鹿、戍边守疆。

我是东陵六骏！我是马踏飞燕！
我昂首嘶咧，我红鬃怒张。

我是千里赤兔！我是悲鸿奔马！
我要！
踏遍江山千秋雪，
一马奔驰写沧桑！

"悲鸿画意" 长 9cm 高 14cm 宽 3cm 范芳强藏品

自由驰骋

文：王晓滨

石上奔马，浑然天成，扬尾奋蹄，气势撼人，尽显悲鸿笔下那自由和奔放的气质。

众所周之，徐悲鸿特别爱画马。他笔下的许多骏马图成了艺术珍品。马，最能反映徐悲鸿个性，最能代表他的艺术造诣。徐悲鸿的马受到人们喜爱，就是在于他倾注于其中的情感，并将这种情感化作一种精神，以马为载体而表现出来。

由于徐悲鸿经常画马，他对马有一种偏爱。他画过上千幅关于马的速写，并亲手做过马的解剖，对马的结构、形态均了然于胸。他和马在一起，听着马蹄得得，看着马御风奔驰，他觉得是一种精神享受，他的心仿佛和马一同驰骋。

马，在中国人心目中始终是人才的象征，民族振奋的象征，执着于现实的徐悲鸿翻来覆去地画马，正是有所感而发，尽抒胸臆。因此徐悲鸿笔下的马，恰如石上一般，从来不戴缰辔，任其自由驰骋。

Penjing over China

—Written in One Year Old of *China Penjing & Scholar's Rocks*

We have been one year old!

Looking through the window floating snowflakes like clouds, I wrote this line: we have been one year old!

American rock & roil star BON JOVI had a lyric like this: It's my life! It's now or never, I ain't gonna live forever, I just want to live while I'm alive, my heart is like an open highway...

This lyric means: this is my life, current moment should be grasped, I do not wish immortality, I just would like to live earnestly when I am alive, my heart is like a highway which is opened to the public!

Someone has ever asked me why I would like to be engaged in these things, what my purpose is. I think this lyric of BON JOVI quite completely illustrate my inward world and living state.

Penjing is life. That is right. This is the portrayal of my current life.

I always believe that our lives must have a reason or a mission leading our enthusiasm, curiosity and creativity and gathering when coming to this world.

Athenian Socrates ever had a well-known saying like this, "We are here to put a dent in the universe. Otherwise why else even be here?"

During 12 months in 2012, *China Penjing & Scholar's Rocks* is like a giant tank moving fast on the freeway. Within short one year after overcoming and overturning difficulties and obstructions hindering its process, it realizes the first necessary publishing purpose of one book a month.

It is quiet in the depth of night in Beijing. The pointer points 4 a.m. again. Looking at the calendar, I can't believe this year would come to the end soon. I feel as if it is a dream when I see several *China Penjing & Scholar's Rocks* piled up higher on my desk. It has been 12 months. How time flies!

We have published 12 books within this year by two or three officers in association office. We have people looking forward to these books made by such few people with impatient expectancy all over the world every month. Can that be true? It is like an unreal dream and a piece of floating cloud.

Author Introduction

Su Fang is initiator, publisher and chief editor of the book China Penjing & Scholar's Rocks and the proprietor of China Flowers and Penjing magazine. Besides, he is a contracted musician with Warner Music International Ltd. which is one of the world top three music corporations. Being a major planner, Su participated in the preparations for establishing the state-level China Penjing Artist Association in 1988. He had been secretary-general thereof since 1993 and assuming the post of president since 1999.

Yes, it is true.

In 1936, an American journalist Edgar Snow wrote a reportage after visiting Yan'an— "Red Star over China" which captured worldwide attention. It has never been imagined that a new China came into the world with the joint effort of communists in Yan'an after 13 years of this book. What's more, new China grown and thrived in Yan'an makes the world ask a question, "Who is the world leading role next to the USA?" in a role of the locomotive of world economy at the arrival of the end of 2012, though it has experienced frustrations through decades.

Yes, red star not only enlightened China, it might also enlighten the whole world. Will there be a new book "Red Star over World" written by someone after 10 years?

Looking back the past year, I find that China develops too fast which even makes the world dizzying. This year are filled with realities & ideals, difficulties & bottlenecks, dissatisfactions & complaints and various opinions & a necessarily concentrated purpose... there is such a big country, so many totally different throngs and appeals. How to select an only way to do an exciting event promoting social process? This is quite difficult for anyone, any system and any political party.

I have more than once told myself that the most important thing in the world may not lie in right or wrong or easily saying fine words, but whether this selection has promoted social progress or not. Chinese modern pioneer, Mr. Deng Xiaoping had a well-known saying that "It doesn't matter whether the cat is black or white, as long as it catches mice", which became the most popular slogan in the USA of presidential election that:

Gentlemen, are we becoming better compared with the past year?

Yes, when 2012 comes to the end, we could measure the year of 2012 by this statement.

For such an idealist like me, I have too many emotions in 2012 which could not be expressed out only by one statement. First, globally crazily spread "the end of the world" does not come yet and we are still happily seeing the growth of our Penjing; second, CPAA and CPSR have started an entirely new journey in the history of association with the support and participation of overall members and great promotion of the new president team. Particularly, the appearance of English & Chinese bilingual CPSR has aroused the attention of world Penjing industry within short 12 months. The following exhibitions are held annually: 2011 Nantong China Penjing Exhibition and 2012 China Penjing Selected Exhibition (Guzhen Town of Zhongshan City) & the 25th Anniversary of Guangdong Provincial Penjing Association Penjing Exhibition specially reported in last and this journal, which offered a brand new and unprecedented answer sheet for members in terms of national large-scaled activity of this association.

And my own gain is I haven't wasted my life in 2012.

"Father of Apple"—the greatest American entrepreneur in this century Jobs has ever said that there's a phrase in

Buddhism called "Beginner's mind" and it's wonderful to have a beginner's mind.

Yes. Looking a world just like a neonate, one will discover that the world platform is actually blank! However, blankness is sometimes the most beautiful scenery in the world!

In 1986, I was just 25 years old and was a novice about *China Flowers and Penjing* which was just started publication at then. My 3 elders and friends enabled to have a cultural comprehension about China Penjing and became members in the founding team of prophase of the association in the founding stage of CPAA. They were Pan Zhonglian, Zhao Qingquan and Hu Leguo.

I remember that a feeling of Mr. Hu Leguo deeply touched my heart once when we were walking and discussing. He said, "Why do painters have an organization like China Artists Association? Why we who work in greening department of each unit are just regarded as florists by the society? Aren't we engaged in art?" We were talking and discussing, signing and groaning that the unfair position of Penjing workers.

A casual remark sounds significant to a suspicious listener. I was thinking: yes, even if Penjing belongs to art, how inconceivable workers of this industry are not regarded as artists.

After returning Beijing, I thought a lot and reported my thoughts to my boss—Mr. Su Benyi, the chief editor of *China Flowers and Penjing* at then. I, a novice having an exaggerated opinion of my abilities put forward a proposal that immediately join hands with national first-class Penjing artist group and apply to Ministry of Civil Affairs of the People's Republic of China with magazine as a platform for establishment of a national first-class association—CPAA. Several months later, Mr. Hu Leguo published an article named "A Proposal about Establishing China Penjing Artists Association" in *China Flowers and Penjing* with my suggestion. Simultaneously, with the leadership & operation of Mr. Su Benyi and great effort & running of the enthusiastic 301 Hospital retiring president Mr. Li Te, nobody imagined that this thought on the paper became true in 1988 in Beijing. Within over 20 years after the establishment, it has become one of the "locomotives" in China Penjing and a national first-class Penjing artist association registering in Ministry of Civil Affairs of the People's Republic of China so far with endeavor of various predecessors and great support of experts and enthusiasts in national Penjing industry…

When *China Penjing & Scholar's Rocks* has almost completed its first year in 2012, I deeply thank all those names promoting the development of China Penjing in the pushful and creative 80's!

In the one year old of *China Penjing & Scholar's Rocks*, I have to say that my heart is still like a neonate.

Jobs has ever said that innovation distinguishes between a leader and a follower. I like it.

China Penjing & Scholar's Rocks has been determined to become the creator of domestic same industry since its birth. Therefore, I rejected many predecessors' suggestions that I should carry out a market research and modestly learn from the same industry. Everyone told me that I would be successful if I could create some kind of a book.

All my colleagues know that I had never made a survey about the same industry or even studied any domestic book of the same industry in 2010 and before. Many people might think I was not modest, actually I was not. My thought was very simple: a real originality is not generated by imitation at all. It should firstly be created for many consumers actually do not know what they want most and the existing may not be the best! The value of creative industry lies in surpassing market imagination and providing the market an unimaginable product. The success of Apple has proved this more than once.

Even if I was the editor in 1986, *China Flowers and Penjing* had a supreme effect on China Penjing industry then. It did not learn from or imitate anyone but created its own way completely. In that case, why should I spend that effort?

Another reason of not reading domestic book of the same industry came from a truth discovered when I was engaged in music. That was the less you listen to others the more you will have of your own. Not caring about domestic situation actually meant that I would not like domestic publishing industry ideas and breath which still stayed in the 80's affected my thought!

Italian world champion coach Lippi has ever said, "A powerful team would become a real one when it has formed their own thoughts, which is a correct way."

Yes, present *China Penjing & Scholar's Rocks* still face many problems and disadvantages, especially it will encounter that "contradiction between the ideal and the reality" when finishing every event, though making a creative media "with its own attitudes and viewpoints" is a kind of life I like.

For this, at the moment of the end of 2012, I would like to thank every member of CPAA 5th Council and every colleague and friend of mine and thank Penjing. It is you who made my 2012 filled with so many surprises and delightfulness!

Certainly, we could not forget that the year of 2012 is just a starting point of the just beginning.

Ancient Greek philosopher Socrates expressed his view of citizenship with a statement like this: I am not only a citizen of Athens but also of the world. Borrowing this statement of Socrates sage, I would like to say: China is the originating country of Penjing; China Penjing culture is broad and profound with rich and colorful contents, not only covering unique philosophy, aesthetics and life style of Orientals, but also contributing a kind of brand new thinking mode; it belongs to not only China, but also the world, which every China Penjing people should not forget.

My Penjing dream in 2013 is very simple: that is to enable Penjing to enlighten China.

The better and more spectacular have not come yet.

如何得到《中国盆景赏石》？如何成为我们的一员？

中国盆景艺术家协会第五届理事会个人会员会费标准

一、个人会员会费标准

本会全国各地会员（2011 年办理第五届会员证变更登记的注册会员优先）将享受协会的如下服务：

1. 会员会费：每人每年 260 元。第五届协会会员会籍有效期为 2011 年 1 月 1 日至 2015 年 12 月 31 日。

协会自收到会费起将为每名会员提供下列服务：每名会员都将通过《中国盆景赏石》通知受邀参加本会第五届理事会的全国会员大会及"中国盆景大展"等全国性盆景展览或学术交流活动；今后每月将得到一本协会免费赠送的《中国盆景赏石》，全年共 12 本，但需支付邮局规定的挂号费（全年 76 元）。

2. 一次性交清 5 年（一届）会费者，会费为 1300 元，并免费于 2011 ~ 2015 年中被《中国盆景赏石》刊登上 1 次"2011 中国盆景人群像"特别专栏（每人占刊登面积小于标准的 1 寸照片）。同时该会员姓名会刊登于"本期中国盆景艺术家协会会员名录"专栏 1 次。请一次性交清 5 年会费者同时寄上 1 寸头像彩照 3 张。

二、往届会员交纳会费办法同新会员

多年未交会费自动退会的老会员可从第五届开始交纳会费、向秘书处上报审核会员证信息、确认符合加入第五届协会会员的相关条件后可直接办理变更、更换为第五届会员证或理事证。

通告：本协会和《中国盆景赏石》的工作时间改为周一至周五上午 10：00 至下午 18：30。特此通告。

如何成为中国盆景艺术家协会第五届理事会理事？

一、基本条件：

1. 是本协会的会员，承认协会章程，认可并符合第五届理事会的理事的加入条件和标准。

2. 积极参与协会活动，大力发展协会会员并有显著工作成效。

二、理事会费标准：中国盆景艺术家协会第五届理事会理事的会费为每人每年 400 元。每届 2000 元需一次性交清。以上会费多缴将被计入对协会的赞助。

三、理事受益权：除将受邀参加全国理事大会和协会一切展览活动之外，每月将得到协会免费赠送的《中国盆景赏石》一本，连续免费赠送 4 年共 48 本，但需支付邮局规定的挂号费（全年 76 元）。

本届 4 年任期内将登上一次《中国盆景赏石》"中国盆景艺术家协会本期部分理事名单"专栏（请交了理事会费者同时寄上 1 寸护照头像照片 3 张）。

【已赞助第五届理事会会费超过 10000 元者免交第五届理事费】

四、往届理事继任第五届理事的办法同上：多年未交理事会费自动退出理事会的往届理事可从第五届开始交纳理事会费，向秘书处上报审核理事证信息、经秘书处重新审核及办理其他相关手续后确认符合加入第五届理事会的相关条件后可直接办理变更、更换为第五届理事证。

如何成为中国盆景艺术家协会第五届理事会协会会员单位？

一、基本条件：

1. 承认协会章程，认可并符合第五届理事会的协会会员单位的加入条件和标准。

2. 积极参与协会活动，大力发展协会会员。

3. 提供当地民政部门批准注册登记的社会团体法人证书复印件。

二、协会会员单位会费标准（年）每年获赠《中国盆景赏石》一套【12 本】。会费缴纳标准如下：

1. 省级协会：每年 5000 元。

2. 地市级协会：每年 3000 元。

3. 县市级及以下协会：每年 1000 元。

会员单位受益权：除将受邀参加全国常务理事大会和协会一切展览活动之外，每月将得到协会免费赠送的《中国盆景赏石》1 本，连续免费赠送 4 年共 48 本，但需支付邮局规定的挂号费。

本届 5 年任期内将登上一次《中国盆景赏石》"盆景中国"人群像至少一次。

加入手续：向秘书处上报申请报告，经协会审核符合会员单位相关条件并交纳会员单位会费后由协会秘书处办理相关证书。

中国真趣松 科研基地

品名：真趣松
命名：蛟龙探海
规格：飘长238cm
作者：广东真趣园

谁经过多年的科学培育，大胆创新，培育出了世界首个海岛罗汉松的植物新品种——“真趣松”？

报道：2010年3月，国家林业局组织专家实地考察，技术认证，确认“真趣松”为新的植物保护品种并向广东东莞真趣园颁发了证书。

地理位置：广东东莞市东城区桑园工业区狮长路真趣园
网址：www.pj0769.com
电话：0769-27287118
邮箱：1643828245@qq.com

主持人：黎德坚

ISBN 978-7-5038-6846-7
9 787503 868467 >

“龟背” 龟背石 长 25cm 宽 27cm 高 8cm 魏积泉藏品
“Tortoise Shell” . Septarium. Length:25cm, Width:27cm, Height:8cm. Collector:Wei Jiquan